自　　序

在技术的洪流中，编程从未停止进化。

从机械穿孔卡片到结构化编程，从面向对象到函数式范式，每一次变革都重塑了人类与机器对话的方式。如今，我们面临一场新的革命——Vibe 编程。Vibe 编程不仅是一种技术趋势，更是一种思维跃迁，它将编程从"命令式"的精确指令，转变为"意图式"的灵感表达。安德烈·卡帕西（Andrej Karpathy）提出的这一理念，伴随着生成式 AI 的崛起，正以前所未有的速度重构开发者的工作方式与心智模型。

Vibe 编程的核心在于解放与赋能。

得益于大语言模型技术的持续突破，开发者已不再需要逐行敲击代码，而是通过自然语言表达意图，与 AI 协作完成从创意到落地的全流程。ChatGPT、Claude、Cursor 等工具的涌现，让编程从精英专属走向普惠，降低了技术门槛，也激发了跨学科的创造力。从独立开发者用 AI 快速打造产品原型，到企业借助智能体实现复杂工作流自动化，Vibe 编程正以其高效、直观的特性，改变着软件开发的生态。

这场变革并非坦途。

AI 生成代码的调试困境、性能瓶颈、安全隐患，以及对复杂项目的适应性挑战，都提醒我们：技术赋予的便利背后，需辅以审慎的思考与全新的技能体系。未来的开发者不仅是代码书写者，更是问题定义者、系统架构师和跨领域整合者。Vibe 编程不仅重塑了编程的工具与流程，更呼唤一种"广度优先"的心智革命，鼓励我们拥抱多学科的视野，迎接技术平权的时代。

未来，Vibe 编程或将进一步模糊技术与非技术之间的界限，让每个人都能成为创造者。它不仅是工具的升级，更是人类与机器协作的新篇章。本书尝试带你走进这场变革的内核，探索其技术基石、应用场景与实践路径，同时直面其局限与挑战。愿你从中汲取灵感，在代码与意图的交响中，找到属于自己的编程节奏。

张斌（Captain）

2025 年 6 月

Vibe 编程

探索AI时代
编程新范式

Vibe

{ 010101

=

}

< /

范文杰（Tecvan） 李建超（Isboyjc） 尤毅（言萧凡） 张斌（Captain）◎ 著

人民邮电出版社

北 京

图书在版编目（CIP）数据

Vibe 编程：探索 AI 时代编程新范式 / 范文杰等著.
北京：人民邮电出版社，2025. -- ISBN 978-7-115
-67971-0

Ⅰ. TP18

中国国家版本馆 CIP 数据核字第 2025FJ1391 号

内 容 提 要

本书深入探讨 Vibe 编程（也称"氛围编程"）这一新编程范式的技术演进与实践应用。

本书首先解析编程方式从机器指令到高级编程语言的演进脉络，阐明大语言模型如何重塑人机协作模式。然后通过分析通用大语言模型辅助编程、IDE 辅助编程与端到端 Agent 编程这 3 类应用形态，结合独立开发与企业级案例说明 Vibe 编程缩短开发周期、降低技术门槛的核心价值。实践部分提供提示词工程技巧、需求规划、代码审查与优化及工程化管理方案，并基于"小红书内容生成器"全栈项目，演示环境配置、项目需求梳理、后端开发、Web 端系统开发及应用部署的完整流程，构建对 AI 友好的工程化体系。最后客观评估当前技术边界，讨论专业开发者能力转型路径与非专业群体的创新机遇。

本书可以帮助专业开发者精进技术架构能力，也可以帮助产品经理、UI/UX 设计师及普通用户理解 AI 编程逻辑并将个人的创意转化成可落地的应用。

◆ 著　　范文杰（Tecvan）　　李建超（Isboyjc）
　　　　尤　毅（言萧凡）　　张　斌（Captain）
　　责任编辑　刘雅思
　　责任印制　陈　犇

◆ 人民邮电出版社出版发行　　北京市丰台区成寿寺路 11 号
　　邮编 100164　　电子邮件 315@ptpress.com.cn
　　网址 https://www.ptpress.com.cn
　　涿州市京南印刷厂印刷

◆ 开本：720×960　1/16
　　印张：13.25　　　　　　　　2025 年 8 月第 1 版
　　字数：222 千字　　　　　　 2025 年 8 月河北第 1 次印刷

定价：69.80 元

读者服务热线：(010)81055410　印装质量热线：(010)81055316
反盗版热线：(010)81055315

前　　言

数字经济浪潮正席卷全球。2023 年以来，AI 编程技术的革新已无可争议地成为推动产业升级的核心引擎。Vibe 编程作为新兴的编程范式，以"所想即所得"的开发模式为核心，开发者通过对话式交互，便可将脑海中的创意迅速转化为可运行的代码，极大降低了技术门槛。越来越多的企业、专业开发者乃至普通用户开始接触并使用 GitHub Copilot、Cursor、Claude Code、Devin 等 AI 编程产品，Vibe 编程逐渐从技术圈走入大众视野，催生出全新的商业生态体系。

数据清晰地呈现了 Vibe 编程迅猛发展的态势，无疑是最有力的佐证。Polaris Research 预测，到 2032 年，AI 编程工具市场规模将如火箭般飙升至 271.7 亿美元，成为软件开发领域中不可或缺的基础设施。而在 2025 年，全球 AI 辅助编程市场规模预计将突破 250 亿美元，且年复合增长率保持在 35% 以上。从应用层面来看，Replit 平台多达 75% 的用户在接触该平台之前从未编写过程序，但借助该平台的 AI 功能 ghostwriter，成功将脑海中的创意转化为现实产品。

不仅如此，众多头部企业与创业团队也如同猎手般敏锐，纷纷投身 Vibe 编程的怀抱。谷歌首席执行官曾透露，谷歌超过 25% 的新代码由 AI 生成，这表明在谷歌庞大的代码体系中，AI 已占据重要地位，为其高效运转提供了强大的支撑。硅谷知名创业孵化器 Y Combinator 也表示，在参加 2025 年冬季演示日（W25 Demo Day）活动的这一批创业公司中，有四分之一的初创团队，其 95% 的代码库由 AI 生成，他们借助 AI 力量轻装上阵，快速迭代产品，在激烈的竞争中占据先机。

之所以写这本书，是因为本书作者都亲身经历了这场变革。在过去两年里，作为开发者、技术研究者和 AI 产品的重度使用者，我们不断被各种新工具、新理念、新模式所震撼，同时我们发现，很多人对 Vibe 编程仍存在误解，有人将其简单看作"智能补全"，有人被各种概念堆砌所困，也有人想上手却无从下手。

本书试图系统、客观、通俗地梳理这一领域的演变脉络与核心逻辑，并结合 AI 编程实际案例展示 Vibe 编程在个人、团队和企业中的落地应用场景。第 1 章从 Vibe 编程的诞生背景谈起，帮助读者理解人工智能如何推动编程范式的变革。第 2 章讲解编程语言与工具的发展。第 3 章讲解 Vibe 编程应用生态的发展与未来。第 4

章讲解 Vibe 编程的应用场景与实践案例。第 5 章汇总 Vibe 编程科学严谨的工程实践。第 6 章从零构建一个 AI 全栈应用，指导读者高效使用相关工具和编程方法。第 7 章探讨当前 Vibe 编程生态的局限性及面临的挑战，帮助读者全面认识这一编程新范式的机遇。

本书的适用对象

本书既适合有一定技术基础的专业开发者阅读，也适合想要了解 AI 编程趋势、参与低门槛创新的产品经理、UI/UX 设计师，甚至是普通用户阅读。

如果你是专业开发者，想了解如何高效、系统地使用 AI 编程工具，本书将帮助你建立认知框架，避开常见误区。如果你是产品经理、UI/UX 设计师，对编程有一定认知但编程基础薄弱，本书将帮助你探索 Vibe 编程带来的新产品机会与效率革命。即使你并不从事技术工作，只是好奇 AI 如何影响工作与创造方式，本书也会带你看懂这场变革背后的底层逻辑。

Vibe 编程的浪潮刚刚开始，无论你选择参与、观望还是批判、理解，了解这场技术变革的真实面貌都是必要的。

资源与支持

本书由异步社区（https://www.epubit.com）出品，社区为您提供相关资源和后续服务。

提交勘误

作者和编辑尽最大努力来确保书中内容的准确性，但难免会存在疏漏。欢迎您将发现的问题反馈给我们，帮助我们提升图书的质量。

当您发现错误时，请登录异步社区，按书名搜索，进入本书页面，点击"发表勘误"，输入勘误信息，点击"提交勘误"按钮即可（见下图）。本书的作者和编辑会对您提交的勘误进行审核，在确认并接受后，您将获赠异步社区的 100 积分。积分可用于在异步社区兑换优惠券、样书或奖品。

与我们联系

本书责任编辑的联系邮箱是 liuyasi@ptpress.com.cn。

如果您对本书有任何疑问或建议，请您给我们发邮件，并请在邮件的标题中注明本书书名，以便我们更高效地做出反馈。

如果您有兴趣出版图书、录制教学视频，或者参与图书的技术审校等工作，可以给我们发邮件。

如果您来自学校、培训机构或企业，想批量购买本书或异步社区出版的其他图书，也可以给我们发邮件。

如果您在网上发现有针对异步社区出品图书的各种形式的盗版行为，包括对图书全部或部分内容的非授权传播，请您将怀疑有侵权行为的链接通过邮件发给我们。您的这一举动是对作者权益的保护，也是我们持续为您提供有价值的内容的动力之源。

关于异步社区和异步图书

"异步社区"（https://www.epubit.com）是由人民邮电出版社创办的 IT 专业图书社区。异步社区于 2015 年 8 月上线运营，致力于优质学习内容的出版和分享，为读者提供优质学习内容，为作译者提供优质出版服务，实现作者与读者的在线交流互动，实现传统出版与数字出版的融合发展。

"异步图书"是由异步社区编辑团队策划出版的精品 IT 专业图书品牌，依托于人民邮电出版社计算机图书出版的积累和专业编辑团队，相关图书在封面上印有异步图书的 Logo。异步图书的出版领域包括软件开发、大数据、人工智能、测试、前端、网络技术等。

目　　录

## 第 1 章

起源

过去几十年中，在编程世界里，以命令为基础、以逻辑为核心，用一行行代码驱动机器执行任务。然而，一场范式变革正在悄然发生。大语言模型（large language model，LLM）、自然语言处理（natural language processing，NLP）、交互式编程（interactive programming）等新技术的融合，催生出一种更贴近人类思维、更高效、更灵活的全新编程方式——氛围编程（Vibe Coding）[①]。

Vibe 编程不仅是一种新的技术形式，更代表着开发理念与人机关系的深层次变革。从以命令为中心到以意图为中心，从人适应机器到机器理解人，Vibe 编程正在重新定义编程的边界。

本章将带领读者循序渐进地理解 Vibe 编程的本质与意义，聚焦这一编程范式的核心内涵、演化背景与崛起基础，揭示其成为未来开发新常态的潜力与价值。

1.1　走进 Vibe 编程

2022 年 11 月，OpenAI 推出的 ChatGPT 打破了长期以来人机交互的固有模式，以全新的方式进入大众视野。当人们还沉浸在触控界面的思维定式中时，ChatGPT 首次让自然语言成为人与机器沟通的主要手段，前所未有地拉近了人与机器的距离，人甚至可以像与朋友交流一样与 AI 对话。

ChatGPT 刚推出时，其本身依然存在明显的技术局限，如训练数据规模有限、无法实时联网、知识面存在缺口等，整体能力尚不成熟。即便如此，它也已具备令人印象深刻的语言理解与生成能力，足以应对绝大多数日常知识问答。令人意想不到的是，大语言模型生态的进化速度远超预期，不到 3 年，大语言模型生态便从最

---

① 目前 Vibe Coding 的中文表达有"氛围编程"和"Vibe 编程"，为概念清晰及术语统一，本书统一采用"Vibe 编程"一词。——编者注

初的自然语言问答快速迈向多模态融合、代理式人工智能（agentic AI）等更复杂的智能形态。

自然语言对话模式的日渐普及逐步改变了人们对依赖关键词匹配、模糊匹配的搜索引擎的依赖，越来越多的人选择直接向大语言模型提问，从早期 OpenAI 的 ChatGPT，到后来字节跳动的豆包、阿里云的通义，再到腾讯的元宝，这些 AI 工具正在重塑人们获取信息的方式。这些 AI 工具不仅能理解模糊、不规范的人类表达，还能基于深度语义理解，生成结构清晰、针对性强的回答，这种优势让检索效率实现了质的提升。

这种前所未有的交互效率和理解能力，让开发者开始对 AI 能力有了更高的期待：不只是返回一个解答思路或者一些代码示例，而是真正参与创作与开发流程。人们开始思考：在编程大语言模型的发展和推动下，如果机器能够理解"一个带购物车的商品页面"这样的日常表述，那么编写代码时能摆脱逐行敲键盘的传统模式吗？

这种思考逐渐催生出全新的编程范式——Vibe 编程。2025 年 2 月，OpenAI 创始成员之一安德烈·卡帕西（Andrej Karpathy）在社交媒体中首次提出了这一概念，其核心是借助大语言模型让开发过程更接近自然语言表达及人机共创的一种新型编程范式。

简单来说，Vibe 编程就像为每个开发者配备了一位全能的"技术管家"——类似于《钢铁侠》（*Iron Man*）中的贾维斯（J.A.R.V.I.S.），在开发者和产品需求之间搭建了一座无形而高效的桥梁。开发者无须再为代码语法、框架选型或底层实现细节耗费精力，能够真正将注意力集中在用户需要什么、产品应该具备什么功能这些核心问题上，其他工作则交给 AI 完成。

依托对海量开源代码、系统架构和开发模式的深度学习，大语言模型不仅掌握了各类技术栈与行业最佳实践，还具备了将模糊需求精准还原为高质量代码的能力。借助 Vibe 编程，抽象的创意构想可以快速被转化为具体、可运行的软件产品，极大缩短了想法从产生到落地的路径。传统编程像是在发出具体的命令，而 Vibe 编程更像是在与大语言模型交流，开发者提供方向与意图，大语言模型理解其上下文，并补全细节，最终共同生成高质量的代码。

1.1.1　让想法落地

在传统的软件开发模式中，完整的产品落地流程通常包括多个环节：首先，由市场和用户研究团队调研需求、洞察痛点，形成初步的产品方向；接着，产品经理基于调研结果，撰写规范、结构清晰的产品需求文档（product requirement document，PRD）；随后，设计师根据产品需求文档，输出界面原型、交互方案与视觉设计，确保产品在功能之外具备良好的用户体验；最后，开发团队基于设计文档和产品需求文档，准确理解产品意图，将其转化为可执行的代码。

在这样的流程中，环节越多、参与人员越庞杂，协作成本就越高，问题也会变得越复杂。更关键的是，受限于开发者的技术能力及对产品需求的理解深度，要通过编程将产品需求完整、准确地落地为稳定、可运行的软件系统并非易事。这不仅依赖开发者的技术成熟度，更考验整个团队的理解、沟通与协作能力。

以"点击按钮变色"这一简单功能为例，在传统的软件开发模式中，哪怕是如此基础的需求，依然需要手动编写多行代码，其中会涉及 HTML 结构、CSS 样式和 JavaScript 逻辑。

```html
<button id="colorBtn">点击变色</button>
<script>
  var btn = document.getElementById("colorBtn");
  btn.addEventListener("click", function() {
    btn.style.backgroundColor = "#ff0000";
  });
</script>
```

对缺乏技术背景的用户或刚入门的开发者而言，这段简单的代码看起来如同"天书"。完整的软件系统则由无数类似的基础功能模块，按照严格的架构设计、编码规范与技术标准，逐层堆叠、组合而成。因此，具备系统开发能力的编程人员长期以来都属于稀缺资源。

而生成式 AI 的出现，正在重塑这一局面。借助大语言模型的能力，开发者的角色正从"代码的锻造者"转变为"功能的设计者"。开发者无须深入学习编程框架、API 调用或底层实现细节，而仅需用自然语言清晰表达需求。例如，要实现"点击按钮变色"功能，开发者无须理解事件监听、文档对象模型（document object model，DOM）操作等技术细节，而只需向 AI 提出要求"创建一个红色按钮，点击后该按钮变为蓝色"，AI 便能在几秒内生成质量高、结构优，符合最佳实践的代码，甚至可自动补充动画效果、响应式布局、无障碍兼容等附加功能。这一变革彻底打破了编程的技术壁垒，让软件开发从"少数人的技术游戏"变为"人人可用的创意工具"。

1.1.2　让创意优先于技术

Vibe 编程的本质并不是否定编程技术的价值，而是让技术成为"隐形基础设施"。就像我们日常使用手机时无须关心芯片架构和底层原理一样，未来的软件开发同样无须纠结代码的实现细节。持续不断地训练 AI，将底层技术的壁垒悄然抹平，让 AI 成为连接需求与实现的高效转换器。

当想法落地的成本趋近于零时，开发者的核心竞争力将回归创意本身：如何定义用户需求、如何设计交互体验、如何规划功能架构。这正是 AI 带来的终极变革——让技术为创意服务，而非让创意向技术妥协。无论是深耕技术的软件开发者，还是毫无编程基础的普通人，都能通过自然语言与 AI 协作，将创意变为现实。

对于技术从业者，AI 可以助力他们实现从代码工匠到架构设计师的转型。

技术从业者：从代码工匠到架构设计师

资深后端工程师老张曾耗费 3 天时间为员工考勤日历功能调试前端界面，如今借助 Vibe 编程，他只需对 AI 说：

做一个带月份切换功能的考勤日历；
支持点击日期查看打卡记录；
员工姓名用红色标注迟到情况，数据对接现有后端接口。

AI 不仅迅速生成了包含 React 组件库的前端代码，还自动匹配了 Java 接口格式，甚至添加了数据加载动画。老张的工作重心从此前的逐行调样式变为优化考勤算法（甚至这一步也可以由 Vibe 编程实现），开发效率提升约 60%——这正体现了技术人员从重复劳动向创造性工作的华丽转身。

对于零代码基础者，AI 可以让他们将创意空想变为现实产品成为可能。

零代码基础者：从创意空想者到产品拥有者

退休教师王阿姨想开发一款家庭相册 App，让分散在各地的子女实时共享生活照片。她对 AI 说出模糊需求：

能上传照片；
家人登录后能看到彼此的相册，按时间排序；
还能写评语。

AI 像贴心助手般引导她细化：

用微信登录还是注册账号；
照片是否需要分类标签；
是否生成年度回忆视频。

王阿姨补充:

微信登录;
按"旅行""节日"等标签分类;
生成年度回忆视频并配《亲爱的旅人啊》背景音乐。

借助 AI,王阿姨仅用 3 天就生成并完善了包含智能排序、视频剪辑功能的完整应用。甚至当她发现视频生成速度慢时,只说一句:"加快视频生成速度。"AI 便自动优化了图片压缩算法。从未接触过代码的她,就这样拥有了专属的家庭社交软件。

尽管 AI 目前还无法攻克所有复杂场景的开发难题,但已能游刃有余地满足大部分日常需求。无论是搭建电商网站、开发日记 App,还是设计休闲小游戏,AI 都能精准捕捉并完善需求,快速生成可用代码。

Vibe 编程的革命性本质在于它重构了开发者的思维坐标系——它并非弱化思考的重要性,而是引导开发者将思维锚点从"技术实现的细枝末节"转移到"价值创造的核心命题"。当代码生成如同日常打字般轻松时,产品的核心竞争力将不再取决于开发者的编程能力,而在于其对用户需求的洞察力、对创意价值的挖掘能力。

AI 的进一步进化和普及或将引发数字时代生产力的新一轮变革,就像 Office 办公套件曾让文字处理、数据统计成为职场人的基础技能,AI 有望成为新一代数字基础设施,打破技术壁垒,让每个人都能自由地将创意转化为现实。

1.2 从"命令式"到"意图式"的转变

在 20 世纪 50 年代,编程是一项极具挑战性的专业工作。当时的开发者不仅要精通软件逻辑,还要深入理解底层硬件的工作原理。彼时,编程更像是一种"硬件层语言"的艺术——通过一行行二进制指令与机器直接对话。

随着计算机科学的发展,高级编程语言的出现极大提升了开发效率。然而,即便技术工具不断演进,从汇编语言到高级编程语言、从命令行到 IDE,软件开发始终围绕"人写逻辑,机器执行"的模式展开。这一模式不仅深刻影响了开发流程,也塑造了开发者的日常工作方式。时至今日,开发一款产品依然少不了编辑器、编程语言、多角色协作及各种流程。开发者需要将产品需求拆解为业务逻辑,再将业务逻辑转换为代码,然后通过工具辅助实现。这种模式已成为技术行业的"常态"。

Vibe 编程的出现正在打破这一"常态",以"意图驱动、人机协作"为核心,重新定义软件开发的起点与路径。

1.2.1 回顾命令式编程

命令式编程是一种以"显式控制流程"为核心的范式，开发者需要逐行描述程序状态的变化，通过变量操作、流程判断、内存控制等指令实现目标逻辑。

早期的命令式编程对底层细节依赖极强。以穿孔卡片为例（见图1-1），每一条程序指令都要以物理孔洞的形式凿刻在卡片上。这不仅使人机交互效率低，还要求开发者必须精确掌握寄存器、存储地址和跳转逻辑等复杂的知识。

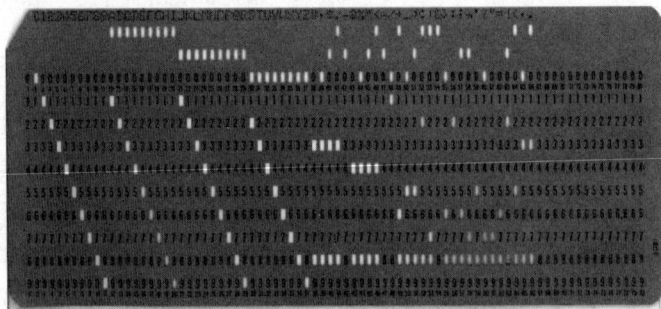

图1-1 穿孔卡片（图片源自维基百科）

随着计算技术不断演进，Fortran、COBOL等高级编程语言的出现使开发者不再需要直接操作汇编指令，而是通过更接近自然语言的语法来描述程序逻辑。此后，集成开发环境（integrated development environment，IDE）、版本控制系统、持续集成/持续交付（continuous integration/continuous delivery，CI/CD）流水线等工具陆续出现，极大提升了开发效率。然而，尽管技术工具层出不穷，这种"人写逻辑，机器执行"的模式始终贯穿软件开发生命周期，即使进入云原生和低代码时代，绝大多数开发工作仍然围绕这一基本模式展开。在大型项目中，跨模块的变量依赖、函数调用栈与多线程并发，更是让"命令式"思维下的开发变得异常烦琐：稍有变动，就会牵一发而动全身。正是在这种背景下，命令式编程"细节至上"的特性逐渐成为开发中的痛点。

- 认知负担高：状态变化需开发者全程掌握，易陷入调试泥淖。
- 可维护性差：细节暴露、样板代码堆积，一旦改动容易牵一发而动全身。
- 协作成本高：知识依赖重，代码冲突频繁，团队沟通压力大。
- 抽象能力弱：流程耦合强，难以提炼成高层复用组件。

● 测试复杂：控制流复杂导致测试成本激增，且易遗漏边界情况。

这些痛点不仅加重开发者的负担，而且不断拖慢整个团队的迭代速度。随着业务复杂度提升和开发节奏加快，命令式编程逐渐难以胜任现代软件交付对速度与质量的双重要求。

1.2.2　从命令到意图

面对命令式编程的痛点，意图式编程应运而生，它的核心概念是：以用户意图和业务目标为中心，而非围绕逐条命令的执行过程。意图式编程通过 "意图声明-系统生成-人机协作" 的高效闭环，将开发者从烦琐的实现细节中解放出来，使他们能够专注于 "我想实现什么" 这一本质问题。

在这种范式中，开发者不再从写 "第一行代码" 开始，而是从 "定义目标" 着手。例如，开发者要求 "我需要一个支持用户注册和登录的流程"，系统就会自动识别其背后的数据结构、逻辑规则和安全要求等，并生成初始实现。开发者不再是底层逻辑的执行者，而是目标的设计者。他们通过自然语言、图形建模等方式表达意图，系统则以代码生成、组件拼装、实时预览等方式承担实现细节的工作。

具体来说，意图式编程的本质变化体现在以下几点。

● 聚焦目标而非路径：开发由 "怎么做" 转向 "要达成什么"。

● 抽象能力提升：意图可沉淀为复用模块，跨团队共享。

● 协作语言统一：业务、产品、开发基于同一语义单元对齐。

● 响应更敏捷：变化不再从底层改起，而从配置或意图微调开始。

需要明确的是，意图式编程并不只是 "加快写代码的工具"，还是一种重新定义开发过程、重构认知模式与组织协作方式的全新体系。这些变化体现了 Vibe 编程所秉持的核心精神：让 "表达意图" 成为开发的入口，让 "开发体验" 回归创作的本质。

1.2.3　开发流程对比

为进一步理解命令式编程和意图式编程这两种编程范式的差异，下面以构建一个 "用户登录" 功能为例，比较传统开发与 Vibe 编程在实现路径与开发体验上的不同。

1. 传统开发流程

在传统的命令式编程中，即使是一个常见的登录模块，其开发流程也相当复杂，往往涉及多个环节与协作步骤。

- 需求分析与设计：明确登录验证方式（如使用用户名/密码、OAuth 等）、数据库结构、安全机制（如密码加密、防暴力破解等），并绘制实体关系（entity relationship，ER）图与接口文档。
- 环境搭建：配置本地开发环境、数据库服务、Web 框架，引入加密库（如 BCrypt）和身份验证中间件（如 Spring Security、Django REST 框架）。
- 代码实现（后端）——实现用户注册/登录接口、令牌[①]（Token）签发与校验逻辑，搭建数据库交互层。
- 代码实现（前端）——构建登录页面 UI、处理表单事件、对接鉴权逻辑。
- 测试与调试：通过接口测试工具验证功能，通过单元测试框架验证业务逻辑，还需排查跨域、令牌异常等常见问题。
- 部署与运维：完成代码打包与上线部署，配置安全套接字层（secure socket layer，SSL）与安全策略，后续还需不断修复潜在漏洞并支持功能演进。

这个开发流程不仅技术链条长、依赖多，还对开发者提出了较高的专业要求。一些看似微小的细节，如加密算法配置、令牌生命周期控制，都需精细化处理，稍有疏忽便可能带来安全隐患或性能问题。在多人协作场景中，前后端联调、接口变更、需求同步等环节也容易成为效率瓶颈。

2. Vibe 编程开发流程

在意图式编程这一新范式下，开发流程被显著简化，开发者不再需要手动构建底层逻辑，而是通过自然语言与图形化操作描述目标，由系统完成大部分代码实现工作。

- 意图输入：开发者以自然语言描述需求，例如"创建一个支持用户名/密码登录的功能，使用 BCrypt 加密，登录成功则返回 JWT Token"。
- AI 自动生成：平台自动生成完整的后端接口、数据库迁移脚本与前端页面组件，自动补全安全机制且符合最佳实践。
- 一键部署：代码可直接部署至主流云平台，SSL 配置与应用程序接口（application program interface，API）文档生成同步完成。
- 智能运维：平台内置监控模块，可检测异常登录行为，AI 自动提示优化建议并修复常见漏洞。

在这种新范式下，过去需要多个角色、数天时间协作完成的开发流程，往往可由一人在较短时间内完成，且具备良好的扩展性——后续接入 OAuth、双因子验证

---

① 本章的"令牌"（token）是用于用户身份认证和权限验证的专有名词。

（2 factor authentication，2FA）等功能仅需调整配置，无须大规模重构。

表 1-1 总结了传统开发流程和 Vibe 编程开发流程的差异。

表 1-1 传统开发流程和 Vibe 编程开发流程的差异

维度	传统开发流程	Vibe 编程开发流程
开发效率	多人协作，周期较长	可由单人在短时间内完成交付
技术门槛	需掌握多种编程语言与复杂框架	可用自然语言与图形界面完成配置
安全保障	手动实现加密与鉴权，风险较高	自动生成合规代码，内置安全防护
维护成本	修改需遍历多处代码，易出错	配置驱动更新，维护更灵活
协作难度	前后端分离，需频繁联调	全栈统一建模，协作更加高效

1.3 Vibe 编程的基石

1.2 节已经从概念层面阐述了 Vibe 编程这种以"意图驱动、人机协作"为核心的新开发范式。本节将聚焦三大关键驱动力，即大语言模型技术的成熟、市场需求的催化及开发者的核心痛点，剖析它们如何共同促成 Vibe 编程的兴起。

1.3.1 大语言模型技术的成熟

近几年，大语言模型规模从数亿参数跃升到数千亿参数，带来了性能的指数级提升，大规模预训练模型（如 GPT、PaLM 等）在自然语言理解与生成方面表现出色。当这些能力迁移到代码领域时，模型不仅能根据局部上下文自动补全简单函数，还能凭借更长的上下文窗口理解整个项目的结构，从而生成复杂的业务逻辑、优化现有代码，甚至实现跨语言翻译。这种对"长上下文"处理能力的增强，让模型能够在大型代码库中保持命名、结构和逻辑实现的一致性，快速定位依赖关系，为敏捷开发和持续集成提供了实质性支持。

在算力和平台层面，GPU/TPU 集群算力不断攀升且成本持续下降，云端按需租用已成常态，各大云厂商纷纷推出面向大语言模型训练与推理的定制化实例，使企业和个人开发者都能以较低门槛获得强大算力。TensorFlow、PyTorch 等深度学习框架与分布式训练工具链的成熟，则确保了从模型研发到大规模部署的可控与高效。更为关键的是，以这些模型为核心的工具链与生态迅速繁荣。主流 IDE（如 VS Code、JetBrains 系列）已深度集成 Copilot 等智能插件，开发者在熟悉的编辑器中即可调用大语言模型能力。与此同时，Cursor、Windsurf 等 AI 编程专用 IDE 也已崛起，为不同层次的开发需求提供智能补全、代码重构、测试生成等全流程支持。低代码平台与自动化流程工具同样纷纷接入大语言模型能力，实现从原型设计到生产部署的端到端覆盖。

软硬件、框架与工具的协同演进，使得 Vibe 编程能够高效落地并迅速普及，为开发团队带来了前所未有的生产力提升。

1.3.2　市场需求的催化

近几年，产品迭代节奏不断加快："一周一版"甚至"每日多版"已成多数团队的常态。在如此紧张的交付窗口中，既要确保新功能按时上线，又不能牺牲代码质量和系统稳定性，这对开发效率提出了极大挑战。传统的"人工编写→人工审核→人工测试"流程，不仅耗费大量的人力和时间，而且一旦在某个环节出现延误，后续工作便会连环受阻——如果提速过猛，代码缺陷频发，会影响用户体验和品牌信誉；若过度依赖手工测试与代码审查，又容易陷入交付瓶颈，导致上线延期或资源浪费。

与此同时，随着业务场景日益多样化，研发部门与业务团队间的协作壁垒日益显现。产品经理可能会在早晨收到市场反馈，下午就要在系统中快速上线临时活动；设计师调整了页面交互方式后，又要紧急协同前端重新布局；而开发团队往往因人手不足或技术栈差异而无法迅速响应，最终导致"想法→执行→验证"循环链被拉长到数日甚至数周。

虽然低代码/无代码平台在一定程度上降低了非专业人员的参与门槛，但它们在深度定制、业务逻辑复杂度和性能优化上存在显著局限，而纯手写代码的方式又难以在短时间内兼顾扩展性与复用性，在高频迭代下频繁"重造轮子"。

此外，不同行业对合规、安全、性能等方面的要求大相径庭，例如金融行业需要严密的权限控制和审计日志，电子商务行业需要灵活的促销活动引擎，制造业则需与物联网设备实时对接。这些复杂场景进一步放大了单一解决方案的短板，让团队在"即插即用"与"深度定制"间左右为难。技术选型的迟疑往往直接导致项目启动时机的拖延和成本溢出。

这样的市场环境给 Vibe 编程的诞生提供了背景。Vibe 编程通过将开发者、产品、设计、测试和运维的"意图"统一到同一智能引擎，利用大语言模型在长上下文分析和生成方面的优势，实现从产品需求文档到可运行代码再到自动化测试与部署脚本的全流程联动。开发者只需专注于核心业务逻辑的设计，AI 助手即可在后台完成底层框架搭建、接口对接、测试用例生成乃至文档更新，不仅大大压缩了交付周期，也保持了 CI/CD 的高标准质量。这样一来，无论是临时上线促销活动，还是深度定制垂直行业解决方案，都能在同一平台上获得"即插即用"式的极速响应与"高可控"式的专业优化，真正实现了"快"与"稳"兼得。

1.3.3　开发者的核心痛点

在实际开发过程中，重复性工作无处不在，从脚手架快速生成项目骨架、初始化模块、配置路由，到对接各类第三方服务接口，乃至针对每个新功能都要手写一套单元测试，再加上代码注释与文档的维护，这些任务往往只需最基础的模板化操作，却占用了开发者高达 30%～50%的日常工作时间。更糟糕的是，每次在项目中引入新技术栈、迁移到不同后端语言环境，或从前端框架切换到另一套前端生态，都意味着环境配置、依赖安装、文档查阅等一系列"前置工作"要从头做起，思路被迫中断，心智负荷瞬间飙升，创新与设计节奏也随之被打乱。

此类"环境切换成本"在多个团队协作时更为明显。例如，一个人负责的微服务 A 使用 Java+Spring Boot，而另一个人负责的微服务 B 则基于 Node.js+Express。开发者需要在多套项目结构间来回切换，不仅要记住各自的构建命令与调试方式，还要针对不同的测试框架编写相应脚本。往往早晨要调试微服务 A 的日志格式，下午又要为微服务 B 编写模拟（mock）API，这种上下文切换，不仅令生产效率直线下降，也容易导致低级错误频出。

当代码库快速迭代时，文档更新往往滞后于实际实现，导致新员工和外包团队进场时不得不通过阅读大段源码来了解业务逻辑，耗时耗力，这种"文档漂移"问题已成为团队协作的拦路虎。即便是经验丰富的资深开发者，在一个大型项目的关键依赖库发生微小改动却未在文档中注明时，也会因为"查无记录"而花费几小时定位问题，极大增加了排查障碍和回归测试的成本。

要解决上述痛点，需要一种能在开发者最熟悉的工作流中自动捕捉并同步产品需求、文档与代码的智能化手段。依托更强"长上下文"处理能力的大语言模型，Vibe 编程正在成为这种新范式的代表，它能够在本地 IDE 或 CI/CD 流水线中感知项目全貌，贯通开发各环节。不仅可以在命令行脚手架之外生成更贴合业务意图的代码模板，还能依据最新 API 文档自动调整接口调用；在代码实现后，自动补全注释、同步技术文档；甚至在每一次拉取请求（pull request，PR）中生成初步测试用例和安全扫描报告。这种端到端、具备上下文感知能力的"文档+代码+测试"协同机制，显著减少了重复劳动，让团队知识得以实时同步，彻底打通了信息孤岛，让每一次迭代都成为真正的有效增量。

大语言模型技术的成熟奠定了坚实基础，市场对"又快又稳"交付的强烈需求构筑起现实背景，而开发者的核心痛点则成为加速催化剂，这三者的强力推动促成了 Vibe 编程的兴起。

1.4 小结

Vibe 编程的出现不是偶然的技术爆发，而是长期演化和积淀下的必然结果。它背后所蕴含的范式转变、认知更新与技术跃迁，正深刻改变着我们理解编程与构建软件的方式。

要真正理解这场变革的根源，我们还需将时间线拉远，回望软件编程的发展历程，去探究它如何从底层一步步演进为今天这般复杂多元的生态。第 2 章将带你一同踏上一段软件编程的历史长河，重新认识编程的起点与未来。

编程方式的演变

编程曾经是少数专业人士才能掌握的复杂技能，而今正迅速演化为人人可参与的创造方式。从最初对机器的逐位控制，到使用高级编程语言构建复杂系统；从命令行界面的繁复操作，到可视化工具的所见即所得，再到今日低代码与无代码平台的兴起，编程方式正经历一场深刻而持续的变革。

本章将从 3 个维度切入，系统梳理编程方式的演变路径。首先，我们将回顾编程语言进化史，探讨语言设计如何驱动技术创新；接着聚焦于编程交互方式的进化，从键盘命令到图形界面，再到智能助手，揭示人与计算机协作方式的变迁；最后，以低代码与无代码为例，分析当代"去代码化"趋势如何重塑开发生态，拓展技术参与的边界。

理解这些演变，不只是为了回顾历史，更是为了看清未来。

2.1 编程语言的进化

在编程的最初阶段，开发者只能使用一行行 0 和 1 组成的二进制指令直接与硬件对话。到了 20 世纪 50 年代～70 年代，汇编语言、Fortran、COBOL 等高级编程语言相继问世，将助记符、数学符号和自然语言元素引入代码，极大解放了人力。进入 70 年代～80 年代，Pascal 的结构化设计与 Smalltalk-80 的面向对象思想彻底革新了软件的组织方式。90 年代以后 Java、JavaScript、Python 等编程语言又结合跨平台、异步和简洁的哲学，为当今多范式并存的编程生态奠定了基础。

本节将沿着这条脉络，回顾从机器码到现代编程语言的演进历程。

2.1.1 与机器对话

20 世纪 40 年代～50 年代是机器语言（machine language）的时代，作为计算机底层的语言，它直接操控硬件实体，CPU 寄存器的电信号流转、内存地址的物理映射、I/O 设备的端口操作，都依赖二进制指令实现。

早期的开发者如同与电子电路进行原始对话，对话方式是直接操作二进制代码，0 和 1 的序列构成了程序的全部。每一次计算、每一次存储操作都需要精确地设定这些二进制位，不仅效率低下，而且极易出错，编程如同在迷雾中摸索，艰难而充满挑战。

1946 年 2 月 14 日，ENIAC（电子数字积分计算机，见图 2-1）在宾夕法尼亚大学启用，这台占地 167 平方米的庞然大物由 17468 个电子管组成，每秒能执行 5000 次加法运算。

图 2-1　ENIAC（图片源自维基百科）

在机器语言时代，工程师编程时需手动插拔多达 2000 根电缆，以搭建不同的数据通路：进行加法运算时，电信号需从输入寄存器流经电子耦合器，最终进入 300 位累加器；进行乘法运算时则需唤醒 36 个独立的 4 位乘法单元，每个单元通过继电器矩阵执行布尔运算。这种物理层面的复杂操作意味着，仅仅修改一个数据地址就可能需要耗费数小时重新配置电缆，若稍有偏差，寄存器中的信号便会紊乱，使程序陷入崩溃。

UNIVAC I（见图 2-2）被誉为"世界上第一台商业化计算机"，相较于 ENIAC，在程序存储与输入方式上取得了突破：将程序与硬件分离、使用穿孔纸带一次性加载指令，使同一套系统能够执行不同运算，这标志着"通用计算"走向现实。但是，UNIVAC I 对操作者提出了近乎严苛的要求，哪怕只是计算 1 到 100 的累加，也需要编写超过 200 条二进制指令，相当于在 16 列穿孔纸带上打出 4000 多个孔。每个程序都像是一次对硬件架构的定制"补丁",无法复制,难以修改。开发流程不仅烦琐,还极度依赖操作者的细致与耐心,效率非常低下。

图 2-2 UNIVAC I(图片源自维基百科)

2.1.2 从二进制到符号语言

到了 20 世纪 50 年代～70 年代,编程语言迈出了摆脱二进制桎梏的关键一步,正式进入汇编语言(assembly language)时代,编程的抽象层次首次实现了飞跃。通过引入"助记符系统",开发者不再需要直接面对繁复的二进制代码,而是可以通过 MOV A、@SRC 这样的符号指令来操控寄存器与内存,这一转变不仅极大提升了编程效率,也将开发者的注意力从电路层抽离出来,转向更高级的算法与数据操作。

1955 年,IBM 推出了 Autocoder,这是 IBM 702 计算机上的一种早期汇编器。它首次将助记符自动翻译为机器码,并引入了宏指令等高级功能。例如,把底层的操作码转换为可读性更高的指令(如用 ADD 代替 21)。虽然仍旧是面向机器的编程方式,但这种自动翻译机制为后续高级编程语言的出现提供了技术雏形。

1963 年,IBM 为其 7094 晶体管计算机(见图 2-3)推出宏汇编器,它引入了宏定义机制,支持条件汇编与递归展开功能。开发者可定义带参数的宏,并通过当且仅当为假(if and only if false,IFF)/当且仅当为真(if and only if true,IFT)时执行条件伪指令和迭代伪指令等,灵活地复用代码模板,从而显著提升了程序的可维护性与复用性。

图 2-3　IBM 7094 晶体管计算机（图片作者：ArnoldReinhold）

　　然而，早期的宏汇编器普遍存在全局作用域污染的问题，即不同模块中的同名宏可能互相覆盖，引发难以追踪的程序错误。直到 1970 年，DEC 公司在其 PDP-11 迷你计算机（见图 2-4）上推出 MACRO-11 汇编器，首次引入 LOCAL 关键字，实现了宏定义的作用域隔离。这一机制有效解决了命名冲突问题，并被后续的 NASM 编译器和 GNU 汇编器等现代工具广泛继承，汇编语言逐步趋于工程化。

图 2-4　PDP-11 迷你计算机（图片作者：Stefan_Kögl）

    PDP-8 的早期汇编器（如 1965 年左右发布的 PAL-III）率先引入了一系列伪指令（pseudo-instruction），包括 DECIMAL、FIELD、EXPUNGE 和 FIXTAB 等。它们并不直接生成机器码，但用于辅助汇编过程、管理位置计数和常量定义，从而简化了程序结构和开发流程。

    下面是一个更清晰、结构化的代码示例，展示如何在 PDP-8 汇编器（以 PAL-III 为代表）中使用伪指令来组织代码、定义常量并设置起始地址。

```
* 指定数字为十进制（伪指令 DECIMAL）
DECIMAL

* 位置计数与字段管理：设置程序载入地址为 0x1000（FIELD），页内偏移为 0x0（PAGE）
FIELD 1              / 选择字段 1（0x1000-0x17FF）0

*200                 / ORG/PAGE，将位置计数器设为所在页的起始地址

* 常量定义（伪指令 EQU / =）
BUFFER = 4096        / 定义 BUFFER 地址为 0x1000（十进制 4096）

* 程序主体
LOADI  BUFFER        / 加载 BUFFER 地址到累加器（示例伪指令，具体视汇编器而定）

* 保留空间，填充零
ZBLOCK  16           / 分配 16 字长的零初始化块

* 条件汇编示例
IFDEF BUFFER         / 若 BUFFER 已定义，则以下内容生效
    TAD BUFFER
ENDIF

* 结束汇编
$
```

    这种符号化寻址方式让开发者无须再手动计算烦琐的绝对内存地址，不仅提升了代码的可读性与可维护性，也为后续高级编程语言中"变量"与"作用域"概念的出现奠定了基础。

    在计算机发展的黎明时期，基于 x86 架构的汇编语言编程堪称开发者的"极限挑战"。以 1981 年发布的 MS-DOS 1.0 引导程序（见图 2-5）为例，哪怕是一段简单的系统启动代码，在当时也要求开发者如同维修精密仪器一般精确控制每一个段寄存器和偏移地址，每一个细节出错都可能导致系统运行失败。

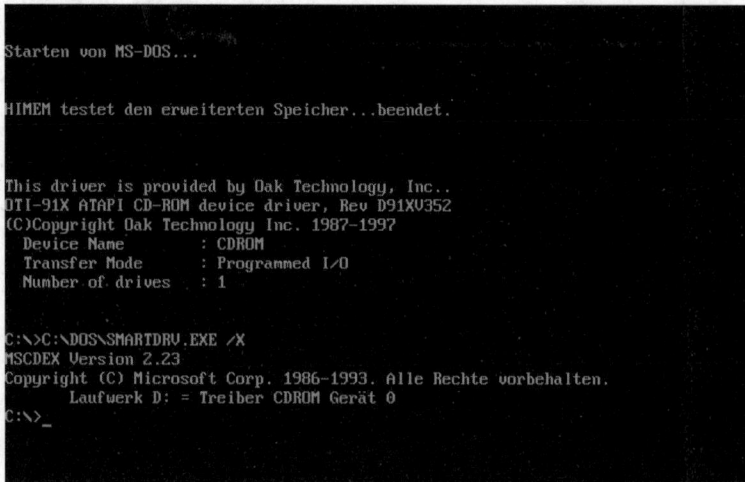

图 2-5 MS-DOS 1.0 引导程序界面（图片源自维基百科）

例如，开发者编写如下语句，将程序的数据段地址载入段寄存器 DS，以便后续所有以"DS:"为默认段前缀的数据访问都能正确地找到变量。开发者必须手动精确计算内存偏移量，若稍有偏差，便可能导致全局变量寻址混乱，进而引发系统崩溃。这种对底层架构的强依赖，使得在早期汇编语言开发中如履薄冰。

```
MOV AX, @DATA_SEGMENT     ; 将数据段地址加载到 AX 寄存器
MOV DS, AX                ; 将 AX 寄存器的值赋给数据段寄存器 DS
```

直到 1985 年，随着 Intel 推出 80386 处理器，保护模式（protected mode）应运而生，标志着内存管理机制的一次飞跃。该模式首次将内存寻址权上交给操作系统，实现了段地址与逻辑地址的隔离管理。程序中不再需要显式配置段寄存器，系统可自动完成内存分配与访问控制，开发者由此从烦琐的底层寻址中解放出来，得以专注于程序逻辑本身。

尽管如此，汇编语言始终深受底层硬件架构的限制。不同处理器的指令集差异巨大，导致程序跨平台移植极为困难。开发者仍需熟练掌握寄存器配置、内存地址映射等底层细节，开发工作风险极高、效率受限。虽然汇编语言的出现解决了编程"可写性"的一部分问题，但面对日益增长的计算需求，特别是科学研究和商业流程的建模需求，更高层次的语言抽象成为迫切诉求。

2.1.3 高级编程语言的兴起

20 世纪 50 年代，随着计算机应用从军事走向科研与商业领域，编程需求迅速

专业化，语言设计也从"面向机器"转向"面向任务"。这一时期，高级编程语言应运而生，它们不仅解放了开发者的思维方式，更标志着软件开发进入以业务需求和问题解决为导向的新时代。

1. 科学计算的奠基者：Fortran

1957 年，IBM 发布了 Fortran（formula translation）语言，标志着高级编程语言时代的正式到来。Fortran 是世界上第一种被广泛应用的高级编程语言，它不再局限于对硬件结构的直接操控，而是首次允许开发者用类数学的表达方式来描述算法与逻辑过程。

作为一种面向科学计算的语言，Fortran 支持循环、条件、函数等抽象结构，并通过编译器将源码转换为高效的机器码。它的问世彻底改变了编程的工作重心，使开发者从"指令输入者"转变为"问题求解者"。

1962 年发布的 FORTRAN IV 在编译器技术上实现重大突破，它引入了诸如循环不变式代码移动（loop invariant code motion）等优化技巧。例如，针对如下原始代码：

```
DO 10 I = 1, 100          ; 原始代码：计算数组 A 的值
    A(I) = B + C * I      ; 在表达式 B+C*I 中，B 是循环不变量，在整个循环过程中保持不变，
                            因此可以提前计算
10 CONTINUE
```

编译器能够识别出循环中不随迭代改变的表达式，将其提前到循环外执行，从而大幅减少循环体内的指令数。优化后生成的目标代码示例如下：

```
MOV AX, B                 ; 将变量 B 的值加载到 AX 寄存器
ADD AX, C                 ; 计算 B+C 的值并保存在 AX
MOV DX, AX                ; 循环不变量 B+C 存入 DX
DO_START:
MOV [A+I], DX             ; 循环体仅执行乘法和存储操作
INC I                     ; 索引变量递增
CMP I, 100                ; 比较索引变量与循环上限
JLE DO_START              ; 若未达上限 100 则继续
```

这一优化让循环体内指令数减少约 40%，在 IBM 7094 晶体管计算机上，矩阵求逆的运算时间由 2 小时缩短至 72 分钟。

1978 年，FORTRAN 77 引入了自动向量化（auto-vectorization）技术，能将数组操作转换为 Cray-1 超级计算机的向量指令，上百倍地提升矩阵乘法等线性代数运算性能，这也成功推动有限元分析、天气模拟、地震建模等复杂运算从理论研究

走向工程实践。Fortran 至今仍是高性能计算领域的支柱语言。

2. 商业的标准化：COBOL

1959 年，在美国国防部的牵头下，COBOL（common business-oriented language）诞生，目标是统一政府与企业的信息处理语言标准，解决商业程序开发效率低、维护困难、可移植性差的问题。

COBOL 的跨时代之处在于它首次将自然语言风格引入编程语言，使非技术人员也能读懂代码。

```
01 CHECK-RECORD.
05 CHECK-NUMBER PIC 9(8) COMP-3.          ; 压缩十进制存储的支票号码（8 位数字）
05 ACCOUNT-NUMBER PIC 9(12) COMP-3.       ; 账户号码（12 位数字，压缩存储）
05 AMOUNT PIC S9(10)V99 SIGN TRAILING.    ; 带符号金额，保留两位小数
05 ENDORSEMENT-AREA PIC X(30).            ; 背书区域（30 个字符的字符串）
```

COBOL 的结构化语法精准对应业务表单字段，广泛用于银行、电信、保险等领域。

COBOL 还首创了数据驱动编程范式与严谨的数据定义体系，在编译阶段即进行格式验证。这种对可靠性与规范性的重视，为后来的 Java、C#等企业级语言的设计提供了直接借鉴。

3. 从算术到业务，编程语言走向多元

Fortran 与 COBOL 分别奠定了科学计算与商业应用的语言基础，它们标志着高级编程语言开始围绕"任务导向"进行设计。前者代表了对性能与算法表达的极致追求，后者则推动了编程的"去技术化"，编程语言从此摆脱了对硬件结构的深度依赖，逐步演进为求解抽象问题与系统建模的工具。

这一时期的高级编程语言不仅提升了开发效率，还推动了编译器技术、抽象模型、数据结构等核心概念的诞生，为后续 C、Pascal 乃至 Java 等编程语言的发展打下了坚实基础。

2.1.4　结构化编程与面向对象编程的突破

随着集成电路技术的飞跃发展，软件系统的规模急剧膨胀，动辄突破 10 万行代码，传统线性编程在可读性、可维护性方面的问题日益暴露。虽然高级编程语言已经解决了领域建模问题，但面对庞大、复杂的软件工程，开发者亟需更加严谨的逻辑结构和更高层次的抽象能力。

这一时期，编程语言从"面向过程"进一步演进为结构化编程与面向对象编程，

不仅重塑了程序的组织方式，也奠定了现代软件开发的基本范式。

1. 结构化编程的里程碑：Pascal

Pascal 语言于 1970 年正式发布，是结构化编程理念的典范代表。Pascal 推崇清晰的程序结构、强类型约束与模块化设计，既适合作为教学语言，也在实际工程中得以广泛应用。

Pascal 的静态类型检查机制通过构建包含变量名、类型与作用域的符号表，在编译阶段即可捕获绝大多数类型错误，例如：

```
[LINE 15] ERROR: CANNOT ASSIGN BOOLEAN VALUE 'TRUE' TO INTEGER VARIABLE
'COUNT'
```

这使 Pascal 成为第一批可在编译时识别绝大多数类型错误的语言，大幅提升了软件质量控制的前置能力。

1983 年，Borland 公司发布的 Turbo Pascal 引入增量编译技术，通过记录源文件修改时间戳，仅重新编译变更单元，将 10 万行代码的项目的编译时间从 60 分钟缩短至 8 分钟。这一机制后来被 Java 的 Jikes 编译器与 C#的 Roslyn 编译器广泛借鉴。

Pascal 的模块化设计也令人瞩目，通过 UNIT 关键字将功能封装为独立模块，例如：

```
UNIT MathUtils;
INTERFACE
FUNCTION Add(a, b: INTEGER): INTEGER;   // 接口声明
IMPLEMENTATION
FUNCTION Add(a, b: INTEGER): INTEGER;   // 接口实现
BEGIN
    Add := a + b;
END;
END.
```

这种封装机制不仅提升了代码复用率，也为后来的 C 语言头文件、Java 的包系统提供了结构原型，推动编程从"散点式逻辑堆叠"迈向"模块化构建"的现代工程方式。

2. 面向对象架构的破晓：Smalltalk

1980 年，Smalltalk-80 的发布标志着编程语言从"过程分解"向"对象建模"的根本性转变。Smalltalk 将面向对象程序设计（object-oriented programming，OOP）思想完整系统化，其核心理念是"一切皆对象"。

Smalltalk 将对象定义为"封装状态（数据）与行为（方法）的独立单元"，通过消息传递实现交互，其核心机制如下。

（1）封装：例如 BankAccount 对象将余额与转账方法整合为不可分离的整体。

```
"BankAccount 是一个封装了余额和操作方法的类"
Object subclass: #BankAccount
    instanceVariableNames: 'balance'    "实例变量: balance（余额）"
    classVariableNames: ''
    category: 'Finance'

"初始化方法: 设置初始余额为 0"
BankAccount >> initialize
    "方法 initialize: 初始化账户状态"
    balance := 0.

"存款方法: 将指定金额加入余额"
BankAccount >> deposit: amount
    "方法 deposit: 接收参数 amount（存款金额），并更新余额"
    balance := balance + amount.

"转账方法: 从本账户转出并调用目标账户的存款方法"
BankAccount >> transfer: amount to: otherAccount
    "方法 transfer:to:
     • amount − 转账金额
     • otherAccount − 接收转账的 BankAccount 对象
     操作: 先检查余额，再执行扣款与对方存款，或抛出错误"
    (balance >= amount)
        ifTrue: [
            balance := balance - amount.    "内聚行为: 扣减本账户余额"
            otherAccount deposit: amount    "调用对方的 deposit:方法完成存款"
        ]
        ifFalse: [
            self error: 'Insufficient balance'    "余额不足时抛出错误"
        ].
```

这种访问控制机制确保外部代码只能通过定义好的接口访问数据，从语言层面提升了安全性与一致性。

（2）继承：通过类层次结构对真实世界建模，如 SavingsAccount 继承 BankAccount 并扩展利息计算逻辑。

```
BankAccount subclass: #SavingsAccount
    instanceVariableNames: 'interestRate'    "新增利率变量"
```

```
    classVariableNames: ''
    category: 'Finance'
SavingsAccount >> initiali
    super initialize.   "调用父类初始化方法"
    interestRate := 0.03.   "设置默认年利率%"
SavingsAccount >> calculateInterest
    balance := balance * (1 + interestRate).   "扩展父类功能，计算利息"
```

这种 is-a 关系（用来表示继承关系，即子类（派生类）是父类（基类）的一种特殊化）的自然建模不仅增强了代码复用性，还使领域概念在类层次上得到直观表达，从而显著提升了开发效率。

（3）多态：通过抽象父类统一接口，子类可根据自身语义实现差异化逻辑，实现运行时动态绑定，例如：

```
AbstractObject subclass: #AbstractAccount
    instanceVariableNames: ''
    classVariableNames: ''
    category: 'Finance'
AbstractAccount >> withdraw: amount
    self subclassResponsibility.   "强制子类实现取款方法"
BankAccount >> withdraw: amount
    balance := balance - amount.   "普通账户的取款实现"
CreditAccount >> withdraw: amount
    (balance + overdraftLimit) >= amount
        ifTrue: [balance := balance - amount]   "允许透支时的取款实现"
        ifFalse: [self error: 'Overdraft exceeded'].
```

调用 account withdraw: 100 时，由系统根据具体对象类型动态确定要执行的逻辑，赋予程序更强的可扩展性与架构弹性。

此外，Smalltalk 还首创了模型-视图-控制器模式（model-view-controller，MVC），首次将数据、展示与交互进行正交解耦，成为 Java Swing、iOS UIKit、Web MVVM 架构的理论起点。

3. 从语法规则到系统思维

结构化编程通过模块化设计、类型检查与控制流规范，为程序构建提供了清晰的逻辑秩序。面向对象编程则赋予语言建模真实世界的能力，推动软件开发从"过程驱动"走向"对象驱动"与"架构驱动"。

Pascal 与 Smalltalk 分别代表编程语言在"可控性"与"可建模性"两大维度上的关键突破。它们不仅确立了现代语言设计的基础范式，也为 C++、Java、Delphi

等新一代语言的崛起提供了理论根基与实践模板，使编程语言真正从"描述算法的工具"跃升为"构建复杂系统的工具"。

2.1.5 现代编程范式的多元化

20 世纪 90 年代以来，随着互联网的兴起与分布式计算的广泛应用，软件系统的复杂性持续攀升，开发需求迅速演化，单一编程范式已难以应对多样场景，取而代之的是一种融合对象导向、函数式、事件驱动与脚本式风格的多元范式编程趋势。

Java、JavaScript、C++、Python 分别在企业系统、Web 开发、系统底层和数据智能等关键领域占据主导地位，构成现代编程语言生态的四大支柱。

1. 跨时代的跨平台王者：Java

1995 年，Sun Microsystems 公司推出 Java，以"一次编写，处处运行"为核心理念，确立了跨平台应用开发的新范式。

（1）字节码架构与跨平台革命。

Java 编译器将源码编译为平台中立的字节码（.class 文件），由 Java 虚拟机（Java virtual machine，JVM）解释执行，配合即时编译（just-in-time，JIT）技术，将热点代码转为本地机器码，性能接近 C++的 70%，例如：

```java
public class HelloWorld {
    public static void main(String[] args) {
        // 1.JVM 类加载器（ClassLoader）加载 HelloWorld.class 字节码
        // 2.JVM 解释器（Interpreter）逐条执行字节码指令
        // 3.如果 System.out.println 及其调用链被频繁执行，即时编译器会将这些"热点"
        //方法编译成本地机器码，这样后续再调用时，可直接运行本地代码，性能大幅提升
        System.out.println("Hello, World!");
    }
}
```

这种分层架构使 Java 程序能在 Windows、Linux、macOS 等操作系统中流畅地切换运行，成为企业系统和嵌入式操作系统的首选语言。

（2）工程标准与语法简化。

Java 在保持面向对象完整性的同时，简化了 C++的语法复杂性。

● 单继承+接口机制：避免菱形继承问题，增强灵活性。

● 自动内存垃圾收集（garbage collection，GC）：提升内存安全性，降低泄露风险。

- 异常的结构化处理：通过 try-catch-finally 机制强化系统健壮性。例如：

```
try (FileInputStream fis = new FileInputStream("data.csv")) {
    // 业务逻辑
} catch (IOException e) {
    logger.error("文件操作异常: {}", e.getMessage());
}  finally {
    // 无论是否发生异常，都要关闭文件流以释放资源
    if (fis != null) {
        try {
            fis.close();
        } catch (IOException ex) {
            logger.error("关闭文件时发生异常: {}", ex.getMessage());
        }
    }
}
```

（3）企业级开发的基石。

Java EE（现 Jakarta EE）确立了企业级 JavaBean（enterprise JavaBean，EJB）、Servlet、Java 服务器页面（Java server pages，JSP）等企业规范，配合 Spring 框架的依赖注入与控制反转机制，奠定了企业级架构的主流范式。

2008 年 Android SDK 发布后，Java 成为移动开发的主力语言，推动形成"前端、服务器端、移动端"统一语言生态。

（4）性能与生态的持续进化。

Java 8 引入 Lambda 表达式和 Stream API，向函数式范式靠拢；Java 17 推出的 ZGC 回收器可将大内存场景下的停顿控制在 10 ms 内，适配金融、电信等对时延敏感的系统。

2. 从前端脚本到全栈引擎：JavaScript

最初作为浏览器脚本语言的 JavaScript，在 2009 年 Node.js 出现后，完成了从前端到后端的转变，成为现代 Web 全栈开发的核心语言。

（1）事件驱动模型与异步革命。

Node.js 基于 V8 引擎运行 JavaScript 代码，采用 libuv 库实现事件循环机制，精准调度输入输出（input/output，I/O）、定时器、微任务等异步任务，适配高并发场景，例如：

```
// 事件驱动的异步编程示例
document.getElementById("btn").addEventListener("click", () => {
```

```
fetch("https://api.example.com/data")
    .then(response => response.json())
    .then(data => updateUI(data))
    .catch(error => console.error("请求失败:", error));
});
```

Netflix API 网关通过 Node.js 每日处理 200 亿次请求，将响应时间压缩至 50 ms 内，体现了 Node.js 在实时系统中的强大吞吐能力。

（2）全栈开发统一语言。

JavaScript 实现了语言在浏览器与服务器间的共享。

- 前端：React/Vue 等框架通过虚拟 DOM 构建高性能交互页面。
- 后端：Express、Koa 等框架支持构建高并发 API 服务。
- 跨端开发：Electron、React Native 等框架实现桌面与移动端跨平台开发。

3. 系统级编程的常青树：C++

C++由本贾尼·斯特劳斯特卢普（Bjarne Stroustrup）于 1985 年开发，在保留 C 语言高性能的同时，引入面向对象与泛型机制，是混合范式语言的代表。

（1）多态与对象建模。

C++通过虚函数机制支持运行时多态，使接口调用与实现解耦，例如：

```
// 抽象基类 Shape 定义了接口（纯虚函数），子类必须实现 draw()
// virtual 关键字和=0 表示这是一个纯虚函数，使 Shape 成为抽象类
class Shape {
public:
    virtual void draw() = 0;          // 接口：绘制方法，运行时多态入口
    virtual ~Shape() = default;       // 虚析构函数，确保通过基类指针删除时能正确
                                      // 调用子类析构
};

// Circle 继承自 Shape，实现了 draw()方法
class Circle : public Shape {
public:
    void draw() override { // override 明确表示该方法重写了基类的虚函数
        // **具体实现**：在这里绘制一个圆形
    }
};

// 渲染函数，使用基类引用调用 draw()
// 调用时不会静态绑定，而是通过 vtable（虚函数表）进行一次指针跳转，
// 动态决定调用哪一个 draw()实现，实现了接口与实现的解耦
```

```
void renderShape(Shape& shape) {
    shape.draw();   //通过 vptr 指向的 vtable 查找正确的函数地址并调用
}

// 内部机制示意：每个多态对象在内存中包含一个隐藏指针 vptr，
// 指向类的 vtable（函数指针数组），vtable 中存放所有虚函数的实际地址，
// renderShape 调用时，编译器生成类似(*shape.vptr->draw)()的代码
// 只有一次间接调用开销
```

（2）模板与泛型编程。

模板机制让 C++能在编译时为不同类型生成专属容器实现，从而实现"类型无关、性能无损"的零开销抽象。

以标准模板库（standard template library，STL）中的 std::vector<T>为例，它和下面的简化版Vector<T>在机制上完全一致——编译器在遇到Vector<int>或 std::vector<std::string>时，都会把模板体中所有 T 替换成目标类型并生成真正的机器码。

```
// 简化示例：自定义 Vector<T>模板类，实现泛型容器
// 使用 C++模板（template）来实现"泛型编程"：代码对类型 T 不敏感，支持任意类型的数据存储

template <typename T> // 模板定义：T 是类型参数，占位符。编译时会根据实际类型生成具体版本
class Vector {
private:
    T* data;          // 泛型指针：指向任意类型 T 的数组
    size_t size;      // 当前存储元素数量
public:
    void push_back(const T& value) {
        // 泛型插入逻辑：支持任意类型的插入，不依赖 T 的具体实现
        // 实际中 std::vector 还会处理容量扩展、动态分配等，这里省略
    }
};

// 编译时实例化：每个 Vector<T>实例都会生成一份独立的类定义（模板展开）
// 下面两行代码将模板"翻译"为两个具体类型的类：int 和 std::string
Vector<int> ints;                    // 编译器生成了 data 为 int*、push_back(const int&)
                                     // 等实现
Vector<std::string> strings;   // 编译器生成了 data 为 string*
                                     // push_back(const std::string&)等实现

// STL 中的 vector 就是完全泛型的容器模板类，功能更全面、安全
std::vector<double> dv;              // 使用泛型模板实例化出 double 类型容器
```

```
std::vector<Customer> customers; // 自定义类型也能作为模板参数，类型安全

// 结论：通过 template<typename T>实现的 Vector 类就是泛型容器的一个示例
// 类型参数 T 可被任意类型替代，从而实现代码复用和类型安全的灵活性
```

这种泛型（generic）机制允许程序在定义算法或数据结构时不指定具体类型，而是通过类型参数实现"类型无关"的设计。编译器在使用时为每种具体类型生成专属版本，从而在实现代码复用的同时保持类型安全与执行效率。由于所有类型替换在编译时完成，运行时无须额外开销，因此被称为"性能无损"。这使泛型成为现代算法库（如 C++ STL、Java Collections）设计的基础，推动了通用容器与高效算法的广泛应用。

（3）系统级编程首选。

凭借精细化内存管理、直接访问硬件、零开销抽象，C++在 Windows、Linux 等操作系统，数据库内核以及游戏引擎（如 Unreal Engine）等底层与性能密集型软件开发领域长期占据核心地位。

4. 简洁至上的数据语言：Python

1991 年，吉多·范罗苏姆（Guido van Rossum）发布了 Python，该语言追求"优雅、明确、简洁"的语法设计，成为数据科学与 AI 开发的首选语言。

（1）极简语法与表达力。

Python 以缩进为结构，提供列表推导式、生成器等高阶语法糖，提升了代码可读性与开发效率，例如：

```
# 列表推导式：生成 1~10 的平方
squares = [x**2 for x in range(1, 11)]
# 生成器：惰性生成大数列，节省内存
large_numbers = (x for x in range(1, 1000000) if x % 3 == 0)
```

（2）数据科学三驾马车。

Python 在数据领域拥有完整工具链。

- NumPy：提供接近 C 语言运行速度的高性能矩阵运算，广泛用于科学计算与数值分析。
- pandas：相较于传统手动编写循环处理（如使用 Python 原生列表+字典操作），数据处理效率可提升 3～5 倍。
- Matplotlib/Seaborn：支持精细的图表定制，可输出达到出版级排版要求的可视化结果。

例如，以下代码展示了使用 pandas 进行数据清洗与分组统计的典型流程。

```
import pandas as pd
data = pd.read_csv("data.csv")
clean_data = data.dropna().groupby("category").mean()
```

（3）AI 生态的霸主。

Jupyter Notebook 最初由 IPython 项目演化而来，专为 Python 交互式计算设计，是 Python 生态的一部分。它不仅支持代码编写与执行，还可嵌入文本、图表与数学公式，构建"可运行的文档"。由于 Notebook 与 Python 的深度集成，其使用体验远优于其他语言（如 R、Julia）中的 Notebook 接口。

由于 Python 的"胶水语言"特性，能够无缝调用 C/C++ 与 Fortran 等高性能库，因此在 AI 与机器学习生态中，主流框架如 TensorFlow 与 PyTorch 均以 Python 作为前端语言。配合 Jupyter Notebook，研究者可快速构建、试验与记录模型，为构建 AI、科学计算与大数据系统提供了底层性能支持。

2.2 编程交互的进化

在软件开发的发展历程中，人与程序之间的交互方式始终处于持续演进之中。从最初依赖打孔卡和面板开关的物理输入，到命令行下的字符界面，再到图形化环境和集成开发平台，程序员与代码的对话方式不断被重新定义。

这一变迁不仅改变了程序的写法，更重塑了编程的认知模式与工作流程，本节将梳理这一演进路径，回望开发者如何一步步走向更高效、更智能的人机协作。

2.2.1 物理介质上的编程雏形

在电子计算机诞生之初，程序员与计算设备的互动高度依赖物理介质。

- 穿孔卡片与卡片编程。程序员需要通过专用凿孔机（见图 2-6）在 16 列纸带上凿刻二进制指令，完成 100 次加法运算的程序需要凿刻 4000 余个孔洞。任何逻辑修改都意味着重新制作纸带——修正一个数据地址可能需要耗费数小时重新排列孔洞序列，代码的每一次调整都伴随着物理介质的重构。
- 硬件面板直接输入。以 IBM 650 为代表的计算机通过面板上的二进制开关手动输入每条指令，每字节需拨动开关 8 次并通过指示灯确认。这种方式不仅耗时耗力，也极难维护，本质上代码成了硬件电路的映射。

图 2-6 专用凿孔机（图片源自维基百科）

在这一阶段，程序员更多是在与机器硬件对抗，而非编写抽象的逻辑本身，修改与调试效率几乎完全受限于物理操作，极具工程挑战。

2.2.2 从行编辑到全屏交互的突破

20 世纪 60 年代分时操作系统的普及，催生了基于字符界面的文本编辑工具，而磁盘操作系统（disk operating system，DOS）环境下的编辑器则成为这一时期商业开发与个人计算机编程的重要载体。

（1）行编辑器的典型代表：EDLIN。

1980 年，蒂姆·帕特森（Tim Paterson）为 86-DOS（QDOS）编写了 EDLIN（一个基于命令行的行编辑器，用于替代烦琐的打孔卡输入）。随后 EDLIN 在 1981 年随 MS-DOS/PC-DOS 1.0 一同发布，成为首个广泛使用的行编辑器。开发者需通过 10 PRINT "HELLO"格式逐行输入代码，修改时依赖 E（编辑行）、I（插入行）、D（删除行）等指令。例如，修复逻辑错误需先通过 LIST 命令显示代码行，再输入 60 CHANGE 定位到错误行。这种线性编辑方式延续了打孔卡的思维方式，代码修改局限在行级粒度，调整复杂逻辑需要频繁跳转行号，尽管效率不高，却为后续文本命令编辑打下基础。

（2）商业编辑器的突破：WordStar。

1978 年发布的 WordStar（见图 2-7）是 DOS 平台上的首个商业化全屏编辑器，支持 80 列文字显示和简单的格式控制。WordStar 引入了"块操作"概念，例如通过"^KB"与"^KK"选定代码块，结合"^Y"实现整行删除，这使得代码处理从逐字符转向块级。此外，其"模拟打印"（^KI）功能也支持格式预览，是早期文档化的重要工具。

因为受限于 DOS 的 64 KB 内存段机制，即每个程序最多只能直接访问 64 KB

的数据，所以在编辑较大文档时常面临内存溢出、响应迟缓或功能受限的问题，尤其在进行分页预览、长文档跳转等操作时尤为明显。用户必须频繁手动保存并拆分文档，增加了出错风险。

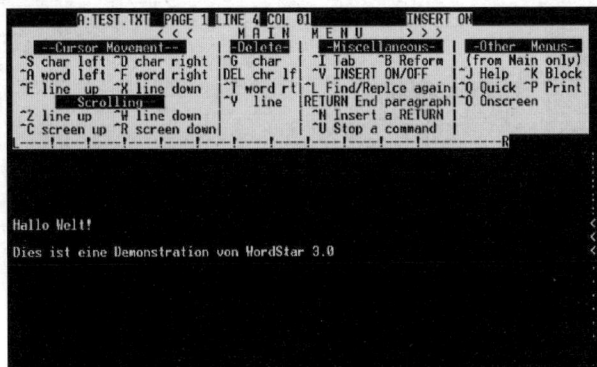

图 2-7　WordStar 3.0 界面截图（图片作者：Plenz）

为了应对这些限制，WordStar 创新性地引入磁盘交换（disk swapping）技术，将部分文档内容临时存入磁盘缓冲区，动态加载当前正在编辑的部分。此外，其支持的跨段跳转命令（如^QR 向后跳页、^QC 向前跳页）提供了"伪分页"的体验，允许用户在大文件中进行快速定位与导航。这使得 WordStar 在资源受限的早期个人计算机上依然具备处理上百页文本的能力，成为 20 世纪 80 年代早期主流商业写作的首选工具。

这些 DOS 时代的编辑器首次在个人计算机上实现了"所见即所得"的文本编辑，虽然性能仍受硬件限制，但其交互理念对后续图形界面乃至现代 IDE 的设计具有深远影响。

2.2.3　编辑、编译、调试一体化的集成化时代

进入 20 世纪 80 年代，随着图形界面与个人计算机的普及，编辑器逐步从单一文本工具向多功能平台演化。

（1）Turbo Pascal 的一体化范式。

1983 年，Borland 公司发布的 Turbo Pascal（见图 2-8）首次将"编辑-编译-调试"三大功能整合在单一界面中，用户可通过 F9 键一键编译，并设置断点进行调试。调试时支持逐行执行与寄存器观察，极大缩短了开发周期，被视为现代 IDE 的原型。

（2）智能感知的初步实现：Visual Studio 6.0。

1998 年发布的 Visual Studio 6.0 引入 IntelliSense，实现了语法提示与自动补全功能。例如，输入 "std::" 可联想出所有 C++ STL 容器。同时，开发者可通过右键点击

变量，查看其内存地址及对应的内存映射，或快速跳转至其定义与引用位置。这些交互式功能显著增强了跨文件导航与代码理解能力，使大型项目的开发与维护更加高效。

图 2-8 Turbo Pascal 2.0

（3）Java 开发的里程碑。

Eclipse（见图 2-9）于 1999 年发布，凭借其插件化架构迅速成为 Java 开发的主力工具。其开源生态吸引大量第三方扩展，支持 Java EE、数据库、构建工具等一体化开发。NetBeans 则以可视化设计器和多语言支持成为跨平台开发的典范，其模块化架构影响深远。

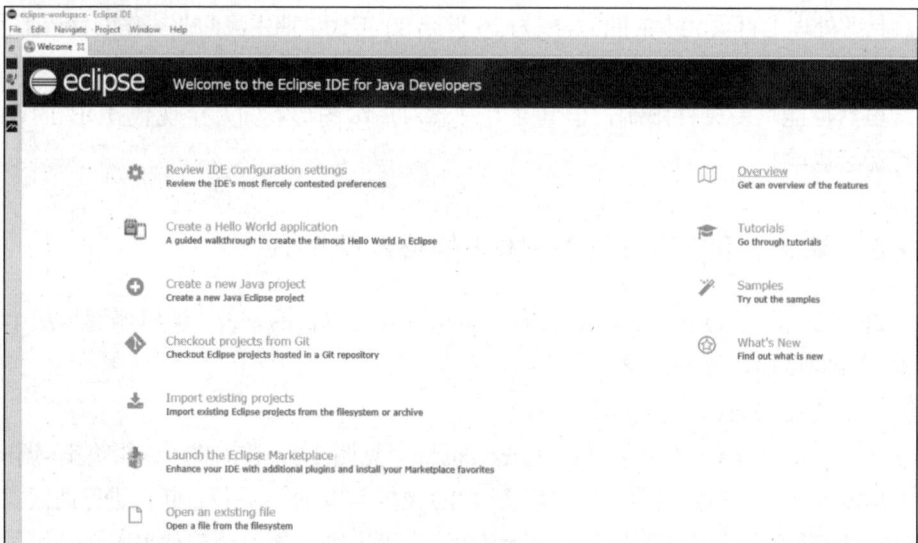

图 2-9 Eclipse 编辑器

集成化编辑器的出现，真正让开发者能在一个平台上完成"编辑-编译-调试"的闭环，极大提升了开发效率，推动了软件开发流程的标准化。

2.2.4 跨平台生态与插件化架构革新

2015 年，Visual Studio Code（简称 VS Code）的推出开启了编辑器的新纪元，其技术架构实现了前所未有的灵活性与扩展能力。

（1）语言服务器协议。

借助语言服务器协议（language server protocol，LSP）分离语言处理逻辑与编辑器界面，使得 VS Code 可原生支持超过百种语言。以 Go 语言开发为例，实时检测 undeclared name: x（其中变量 x 未声明）等错误并提供修复建议，有效地将问题暴露前置到编码阶段，显著提升了代码质量。

（2）插件架构的极致开放性。

开发者可基于 Node.js 开发插件，如 GitLens 插件实现代码提交溯源、Docker 插件集成镜像管理。截至 2023 年，VS Code 插件市场已有超 20 万个插件，覆盖从量子计算、前端框架到低代码平台的全场景需求，构建出"轻量核心+插件扩展"的生态模式。

VS Code 作为现代编辑器的标杆，其简洁界面（见图 2-10）集成代码编辑、调试和版本控制等功能，通过主题与插件可实现高度定制化。

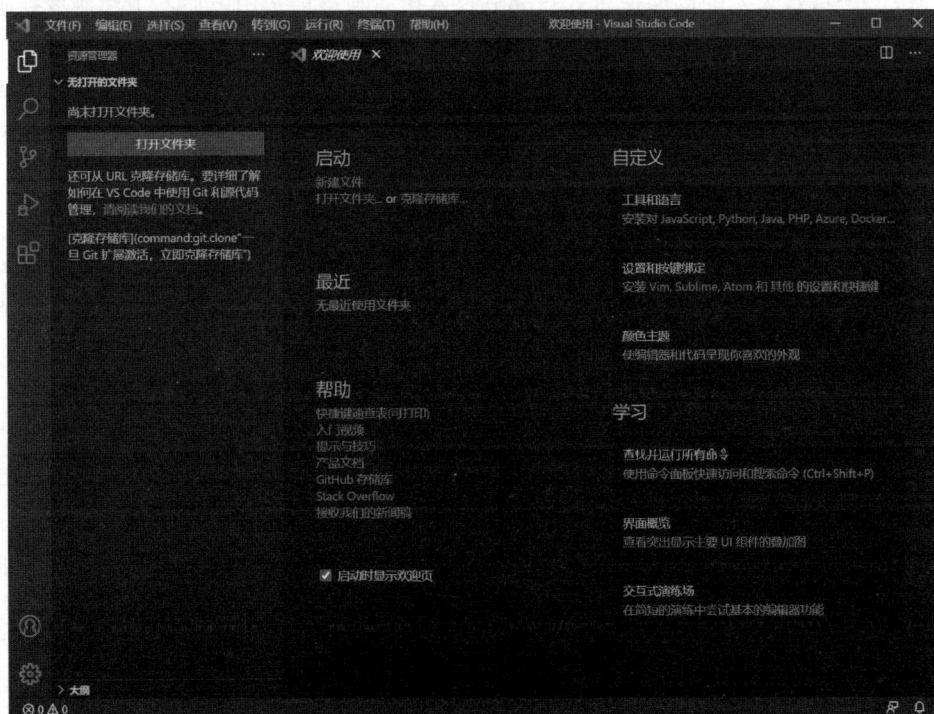

图 2-10　VS Code 编辑器

除了 VS Code，JetBrains 系列编辑器在细分领域持续深耕，IntelliJ IDEA 的 Java 编辑器支持代码折叠、重构预览、依赖注入可视化等深度功能；PyCharm 专为 Python 设计，集成线程并发可视化工具和 Docker 容器管理，成为数据科学与 AI 应用开发的首选；Xcode 作为苹果生态官方 IDE，其 Interface Builder 可视化设计器和 Core ML 模型集成功能显著提升了移动应用开发效率。

在这一阶段，编辑器从"语言驱动工具"演化为支持多语言、跨平台、插件可扩展的开发平台，成为全栈开发者的通用基座。

2.3 低代码开发与无代码开发的崛起

在企业数字化转型浪潮席卷之际，传统代码开发模式宛如沉重的枷锁，制约着企业的创新步伐。以中等规模的企业管理系统为例，从产品需求分析、架构设计到代码编写和反复调试，往往需要耗费专业团队 3～6 个月的时间。一旦产品需求变更，修改成本便滚雪球式攀升，项目交付周期屡屡延长。同时，开发人才市场供不应求，"一将难求"的局面使企业在高额投入招聘与培训费用之后，依然难以摆脱人力短缺的困境。

云计算与 AI 技术的崛起，推动软件开发范式从手动编码向可视化构建不断突破。低代码（low-code）与无代码（no-code）平台应运而生，通过图形化界面、拖曳式操作与预置组件库，大幅降低开发门槛，提升交付效率。

而在这一生态之后，作为新兴智能开发模式的 Vibe 编程凭借深度语义分析与代码自动生成引擎，在从需求描述到可运行代码的自动化转换领域中崭露头角。

2.3.1 图灵完备理论体系

要深入理解低代码与无代码平台的挑战，首先需回溯"图灵完备性"这一计算机科学核心概念。

20 世纪 30 年代，英国数学家艾伦·麦席森·图灵（Alan Mathison Turing）提出了"图灵机"概念，其艺术表示如图 2-11 所示。这一抽象计算模型用于探讨"判定问题"：是否存在通用算法，能够判定任意数学命题的真伪。

图灵机由无限长的纸带、读写头和状态控制器构成，通过简单规则，理论上可模拟任何计算过程。图灵机定义了"可计算性"边界，为计算机科学发展奠定了理论基石，也成为衡量计算系统能力的关键标准。

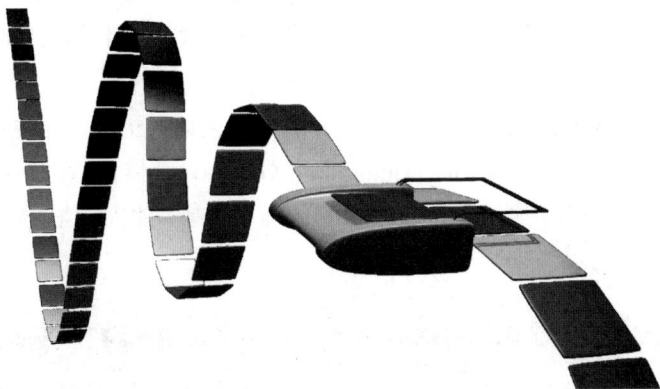

图 2-11 图灵机的艺术表示（图片源自维基百科）

此后，随着计算机技术的不断发展，到了 20 世纪 40 年代，首台通用电子计算机 ENIAC 诞生，虽然 ENIAC 用于军事计算，但具备多任务处理能力；而冯·诺依曼体系结构（von Neumann architecture）是一种将程序指令存储器和数据存储器合并在一起的计算机设计概念结构，它的提出以"存储程序"思想完善了计算机设计，使其更接近图灵机模型。

从 20 世纪 50 年代起，Fortran、LISP、C 等编程语言相继出现，功能不断拓展，逐步实现图灵完备性。进入 21 世纪，随着互联网、移动技术及云计算发展，图灵完备计算能力广泛普及，量子计算机的研究更在探索其新边界。具备图灵完备的系统理论上可求解所有可计算问题，但在低代码与无代码平台中，如何在高效性与通用性之间取得平衡，依然是亟待突破的难题。

2.3.2 早期技术探索

从 20 世纪 80 年代至 21 世纪初，第四代语言（fourth generation language，4GL）出现。与传统编程语言不同，4GL 倡导声明式编程风格，聚焦"做什么"，允许开发者以自然语言方式编写程序，减少底层代码量。例如，数据库操作中用简化的 SQL 语句替代烦琐的底层调用，奠定了低代码开发的理论根基。

延伸阅读

第四代语言指在程式语言世代分类中，在第三代语言之上的电子计算机编程语言。例如，Clipper、SQL、SAS、MATLAB 都是第四代语言。

同一时期，可视化编程语言与工具也逐渐兴起，早期的编程语言允许开发者通过可视化界面操作，如拖曳组件、设置属性等方式来创建简单的应用程序。这类语言与工具虽然功能相对有限，但已展现出低代码开发通过图形化操作降低开发门槛的雏形。

例如，Visual Basic（见图 2-12）是经典的可视化编程语言，开发者能够通过直观的图形用户界面（graphical user interface，GUI）设计器，将按钮、文本框等控件拖曳到窗体上，再使用简单的 Basic 语言编写事件驱动代码，快速搭建 Windows 应用程序。

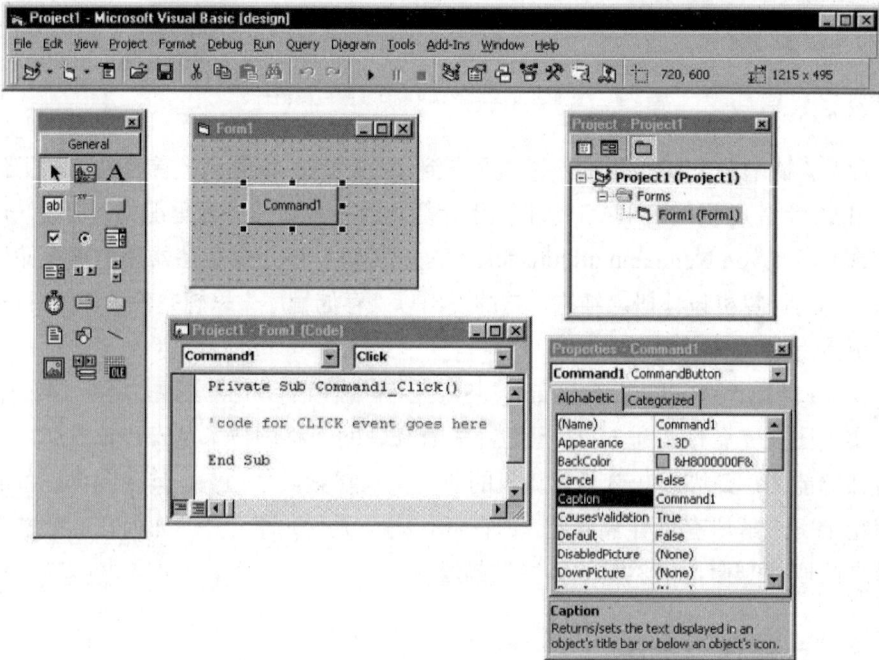

图 2-12　Visual Basic 编辑器

Dreamweaver（见图 2-13）则是网页开发领域的代表性工具，它支持"设计"和"代码"双视图编辑模式。开发者既能在可视化界面中布局网页元素、调整样式，又能在代码视图中编写 HTML、CSS 和 JavaScript 代码。其"行为"面板功能允许用户通过简单的参数设置实现图片切换、表单验证等交互效果，用户无须深入掌握复杂的代码逻辑，这使得网页开发效率显著提升。

尽管当时可视化编辑平台功能有限，应用场景主要集中于中小型项目或特定领域，但可视化操作降低了开发门槛，初现低代码雏形。

图 2-13　Dreamweaver 工作区

2.3.3　概念形成与初步实践

2012 年，Gartner 公司提出"全民开发"倡议，旨在消除编程门槛，让非专业人员也能参与开发。同年，OutSystems 公司推出了其低代码开发平台，该平台凭借可视化界面和预制组件，可快速搭建应用，为低代码理念提供了实践样本。

2014 年，研究咨询公司 Forrester 正式提出低代码的概念：利用极少量代码或无须编写代码即可快速开发、配置并部署应用。低代码开始作为独立技术范畴受到关注。

然而，从图灵完备理论体系的视角看，低代码在复杂算法、高并发场景中受预置组件和可视化编程限制，难以达到专业编程语言的效率；从非图灵完备理论体系的视角看，面对高度定制化需求，预置组件也难以满足深度业务逻辑的实现。

因此，即使在这一阶段低代码领域热度空前，仍有很多唱衰、质疑低代码理念的声音存在。

2.3.4　市场发展期

随着企业对数字化应用需求的不断升级，单一低代码功能难以应对系统集成、数据互通与跨平台部署等挑战。2018 年，Gartner 提出应用平台即服务（application platform as a service，aPaaS）与集成平台即服务（intergration platform as a service，iPaaS）概念，为低代码注入了新活力。

aPaaS：基于云计算的一站式可视化开发环境，提供丰富组件库、模板及自动化部署和运维能力，让开发者专注业务建模。例如，OutSystems 公司推出的平台支持拖曳页面组件、配置业务逻辑，并一键完成服务器配置与资源分配，这缩短了 Web 应用与移动应用的开发周期。

iPaaS：聚焦异构系统间数据与流程集成，通过连接器、数据处理技术提取-转换-加载（extract, transform, load，ETL）引擎与流程编排，实现企业资源计划（enterprise resource planning，ERP）、客户关系管理（customer relationship management，CRM）、供应链管理（supply chain management，SCM）等系统的数据互通与业务串联。以 Mendix 为例，其 iPaaS 方案可无缝对接服务访问点（service access point，SAP）、Salesforce，实现端到端业务流程优化。

国内也涌现出简道云、明道云等低代码平台，满足了企业办公自动化和数据管理等基础数字化需求，推动了低代码在国内市场的落地。资本市场也高度关注低代码平台，2018 年西门子收购 Mendix，同年 KKR 和高盛投资 OutSystems，为行业发展注入了大量资金。

但在这一阶段，无论是专业开发者还是普通用户，都面临平台功能与复杂业务需求不匹配、技术锁定和供应商依赖等问题。尽管低代码降低了开发门槛，但用户仍需要具备一定的编程基础和开发经验，才能利用平台的工具和资源开发出符合企业需求的个性化应用。对于技术经验欠缺的普通用户，在利用这些平台进行复杂系统集成和功能扩展时，依然面临诸多挑战。

2.3.5　传统低代码与无代码平台的局限性

尽管传统低代码与无代码平台凭借降低开发门槛、提升交付效率的优势，掀起了一场开发模式的变革，但深入审视后可发现，它们在实际应用中存在着诸多局限性。

- 功能深度与复杂性处理。虽然传统低代码与无代码平台理论上具备一定的计算能力，但依赖预置组件库和可视化操作，在处理复杂业务逻辑，如复杂算法的金融交易模型、高并发电商系统的实时数据时，难以充分发挥图灵完备性的潜力，无法满足企业对复杂业务数字化的需求。开发者往往需要脱离平台框架，回归传统代码开发。同时，传统低代码与无代码平台本身的设计并非追求完整的图灵完备性，在处理需要大量循环、递归等复杂控制结构的业务场景时，能力上先天不足，面对工业自动化控制的复杂算法实现、科学计算等领域的需求，无法提供有效的解决方案。

- 个性化定制与扩展性。传统低代码与无代码平台为追求快速开发，在一定程度上牺牲了定制灵活性。对于有复杂定制需求的开发者，平台的限制使其难以实现高效、灵活的定制开发。同时，普通用户由于自身能力有限，即使平台提供了一定的自定义功能，也难以将复杂业务需求转化为有效的应用逻辑，导致开发出的应用存在功能缺失、流程不合理等问题。此外，随着企业业务的发展，平台与新技术、新系统的集成难度增加，扩展性问题也进一步凸显。
- 技术锁定与供应商依赖。企业采用传统低代码或无代码平台开发应用后，会深度依赖其技术架构、开发工具和生态体系。不同平台间数据格式、开发规范的差异，使得应用迁移困难。无论是具备完整编程能力的开发者，还是依赖可视化工具的业务人员，在面对供应商策略调整或经营问题时，都面临应用无法运行、难以升级的风险，且缺乏自主解决问题的能力和技术基础。
- 性能与安全性。传统低代码与无代码平台生成的代码存在冗余，难以像专业的手写代码那样进行精细化的性能优化，在处理大量数据、高并发请求时，易出现响应慢、系统卡顿等问题。从图灵完备理论体系的角度，传统低代码与无代码平台无法充分发挥计算能力，实现高性能；从非图灵完备理论体系的角度，普通用户由于缺乏安全意识和知识，容易引入安全漏洞，且当平台出现安全漏洞时，企业只能依赖供应商修复，增加了数据和业务的安全风险。

2.3.6　AI 赋能低代码和无代码平台

AI 为低代码与无代码平台注入了前所未有的活力。

- 功能深度拓展。AI 驱动的智能代码生成与优化，使低代码与无代码平台在复杂业务场景中具备更强的计算能力。例如，在金融风控场景中，AI 可根据历史数据与业务规则，自动生成并持续优化风险评估模型，逐步逼近图灵完备系统的高效实现。
- 自动化交互代码生成。在物联网设备管理等领域，自然语言处理技术可根据设备协议与需求描述，生成底层采集与分析代码，弥补平台在复杂功能实现上的不足。
- 个性化定制与扩展。依托深度语义分析与机器学习，AI 能将自然语言需求转化为符合业务逻辑的定制化组件与流程，显著降低普通用户的使用门槛。

在此背景下，Vibe 编程以其独特的 AI 驱动范式，将上述优势进一步扩大：从意图深度理解到代码智能生成，构建起"意图声明-系统生成-人机协作"的闭环，大幅提升开发效率与质量，真正突破传统低代码与无代码平台的边界，为软件开发带来更高效、智能的解决方案。

2.4　小结

回顾编程方式的发展历程，从机器语言到高级编程语言的抽象演进，从行编辑器到集成开发环境的交互革新，再到低代码平台对效率与门槛的双重优化，编程始终在效率、可用性与表达力之间不断寻找平衡点。每一次技术跃迁，既是对计算能力的释放，也是对开发者思维方式的重塑。

语言的演进带来了更强的表达力，工具的进化改善了开发交互体验，而低代码的出现则进一步模糊了"编程"与"使用"的边界。所有这些积累共同构建了今天 AI 编程得以落地的基础——技术已经成熟，真正的挑战是如何将 AI 能力嵌入真实的开发场景中，产生可用、可信、可控的产品体验。

## 第 3 章

Vibe 编程应用生态

从技术可能性到实际应用，中间还隔着一座桥梁——产品化。就像电力技术的发明不等于电器时代的到来，AI 技术的成熟也不等于 AI 编程时代的自动降临。我们需要合适的产品形态、恰当的交互方式、完善的工具生态，才能让这些强大的技术真正服务于日常的编程工作。

本章聚焦 Vibe 编程在不同开发场景中的具体应用形态，从早期的通用大语言模型辅助编程，到 IDE 集成辅助编程，再到端到端 Agent 编程，系统梳理了 Vibe 编程在实际开发链条中的技术形态演变与落地趋势。

3.1 通用大语言模型辅助编程

通用大语言模型的广泛普及，让"对话"成为最早接触 Vibe 编程的入口之一。开发者通过自然语言与大语言模型对话，可以在不借助复杂工具的情况下直接获取编程建议、代码片段甚至完整方案，这种基于网页端的轻量级"对话式编程"虽然仍停留在基础辅助工具层面，但其对开发效率和开发体验的提升无疑是巨大的。

3.1.1 大语言模型问答

最早的对话式辅助编程主要依赖基于网页端的大语言模型聊天窗口，典型代表便是 ChatGPT、Claude 和 Gemini。这些产品以简洁的界面、自然语言输入为特征，用户无须掌握复杂命令，只需用日常表达提出技术问题，大语言模型即可实时生成对应的答案、建议，甚至直接给出代码实现。

这种方式的核心优势在于"零门槛试错"。不论是初学者遇到 bug 无法定位，还是有经验的开发者需要快速了解某个陌生 API，抑或是希望借助 AI 生成一段简单的算法模板，通过与大语言模型的直接对话，往往能在几秒内获取有价值的反馈。

其实，这种生成式 AI 在早期让很多人不以为然，很多人以为优秀开发者的能力仅仅体现在技术本身。但实际上，检索能力同样是决定开发效率与问题解决水平的重要因素。

所谓检索能力，简单来说，就是遇到问题时能否通过谷歌、百度等搜索引擎快速、准确地定位到相关信息，并据此高效解决问题。别小看这个能力，虽然人人都能用搜索引擎，但真正能借助搜索引擎高效解决问题的人并不多。很多时候，你发现自己搜索半天毫无头绪，而那些你请教的"大佬"却能瞬间给出答案，这背后除了经验积累，很大程度上依赖的正是他们对信息的检索与提炼能力。

真正善于解决问题的人，往往具备两个特质：一是面对复杂问题，能从中快速提炼出核心关键词；二是具备丰富的检索经验，懂得如何用最小的信息成本，从纷繁的搜索结果中筛选出最有用的答案。向搜索引擎提问本身就是一门"学问"，这种基于搜索引擎的检索能力，正随着生成式 AI 的兴起发生着巨大改变。可以说，大语言模型正在取代传统搜索引擎，成为新的知识获取与问题解决入口。对应到具体能力上，过去我们需要提炼关键词去"搜索"，而现在我们需要用更自然的语言，设计出更高质量的提示词，让 AI 理解我们的意图，并给出最接近需求的答案。AI 在一定程度上弱化了我们对关键词检索的依赖，却将"如何清晰、精准地表达问题"变成了解决问题的新核心能力。

这其实是人类信息获取方式的一次递进演变：从"向搜索引擎提问"到"向 AI 提问"。每一次演变，本质上考验的都是问题表达与信息提炼能力。只是到了 AI 时代，这种能力有了更正式的技术名称——提示词能力。

随着 AI 应用的普及，如何高效、准确地向 AI 提问，如何通过设计提示词让大语言模型输出更符合预期的答案，正在成为新时代开发者必备的能力。对话式辅助编程正是在大语言模型辅助下，将检索能力与提示词思维结合的一种具象化表达。

3.1.2　大语言模型的编程能力

随着大语言模型技术能力的演进，通用大语言模型在编程领域的表现愈发突出，各家厂商围绕"代码生成""技术推理""多轮上下文理解"等维度展开了差异化竞争。

以 OpenAI 推出的 GPT 系列为例，它不仅能用常见的 Python、JavaScript 等主流编程语言生成代码，还具备较强的逻辑推理能力，能够理解复杂业务需求，并据此生成相对完整的函数结构或方案雏形。尤其在多轮对话中，GPT 系列逐步表现出较好的技术连贯性，能够在上下文基础上持续优化代码质量。

Anthropic 推出的 Claude 系列则更加注重对话的安全性与稳定性，尤其在保持长上下文的连续性方面表现优异。针对企业级、规范性强的开发场景，Claude 系列可以更好地遵循预设的开发规范与约束条件，减少代码偏差，被业内誉为"最优秀的编程模型"，在编程领域的多个维度测评（如 SWE-bench、Codeforces）中稳居第一。

谷歌的 Gemini 系列开创了跨模态编程的新范式，借助跨模态技术，将文本、图像、音频等信息融合，进一步拓展了大语言模型在多媒体开发、数据可视化、前端交互等领域的能力。相较于单一文本输入，Gemini 系列为更复杂、多维的开发任务提供了新的思路。

百度的文心一言、阿里巴巴的通义千问、幻方量化旗下的 DeepSeek 等国产大语言模型也在代码生成领域不断突破，尤其在本地化应用场景和中文支持上具有独特优势。随着技术迭代，各家大语言模型在代码理解、错误修复和性能优化等方面的能力差距正在缩小，特色功能和生态整合成为新的竞争焦点。

3.1.3　对话式辅助编程的优缺点

不可否认，对话式辅助编程在降低开发门槛、提升技术探索效率方面具有显著优势。但是，其局限同样显而易见。

- 早期的大语言模型对话存在明显的上下文割裂问题，缺乏对完整项目背景、历史开发脉络的持续感知，导致生成的代码难以直接融入实际项目，往往需要人工调整或验证。
- 单纯的网页端交互脱离了主流的开发环境，开发者需要在不同窗口间来回切换，影响整体工作流的流畅性。
- 对话式辅助编程缺乏结构化协作机制，使得这种方式主要适用于个体探索，难以满足团队级、系统级连续性开发需求。

因此，尽管对话式辅助编程为 Vibe 编程打开了技术应用的大门，但若要真正释放 AI 在开发中的协作潜力，必须向更深入、更系统、更环境友好的形态演进，这正是 IDE 集成辅助编程兴起的背景。

3.2 IDE 辅助编程

相比单纯依赖网页端的通用对话模型辅助编程，Vibe 编程通过将 AI 能力系统性地集成到 IDE 这一主流开发环境中，更深入、更高效地融入开发者工作链条。这种集成打破了开发者"跳出 IDE 向 AI 提问、再回到 IDE 继续开发"的割裂体验，把 AI 能力直接嵌入开发流程中，让编程本身与智能辅助融为一体，形成了更完整、更具生产力的 Vibe 编程应用形态。

过去，IDE 本质上是为人类设计的，功能聚焦在代码编辑、语法检查、调试运行等传统开发需求上。而在 AI 浪潮下，IDE 正经历从插件补丁到深度 AI 原生设计的演进，逐步成为 AI 与人协同开发的主战场。

3.2.1 IDE 插件集成 AI

早期的 Tabnine 工具是 IDE 插件集成 AI 的代表，它通过机器学习技术，为常见语法结构和函数调用提供智能补全，帮助开发者节省重复性输入的时间。虽然 Tabnine 的功能相对单一，并且在复杂场景下效果一般，但它为 AI 与 IDE 结合迈出了尝试的第一步。

真正让 AI 辅助编程理念加速落地的是 2021 年 GitHub Copilot 的发布。作为目前影响力最大的 IDE AI 插件之一，GitHub Copilot 的核心基于 OpenAI 旗下大语言模型，支持多种主流语言，能够根据自然语言注释实时生成代码，并尝试理解开发意图，主动补全函数结构甚至提供多种备选方案。这种从代码片段到思维理解的跃迁，首次让 AI 在 IDE 中从"工具箱"转变为"开发搭档"，极大提高了开发效率与便捷性。

近年来还涌现出很多更具系统性、更强调协作性的 AI 开发助手，它们的功能非常强大，甚至在某些角度不弱于 AI 原生集成 IDE，但是由于它们同样需要基于传统 IDE"外挂"使用，所以在交互体验以及一些功能细节上的综合考量并没有 AI 原生集成 IDE 那么好。

其中，最具代表性的就是 2024 年发布的 Cline，它是与 VS Code 编辑器深度集成的一款智能开发助手，迭代十分频繁。与传统代码生成插件不同，Cline 不仅提供 IDE 与大语言模型之间的桥接接口，还支持模型上下文协议（model context protocol，MCP），通过 MCP 打通了 IDE 中自然语言与外部工具交互的边界。借助 MCP，Cline 可以理解大型代码库的结构与业务逻辑，逐步规划并生成解决方案，同时保持对 IDE 的实时感知，确保每一次改动都经过开发者明确批准。这种协作式代码生成模式，不仅提升了大型团队协作效率，也明显降低了新成员上手复杂项目的门槛。Cline 还通过其 MCP 市场整合了丰富的第三方 MCP Server（模型上下文协议服务器端），所有指令均可通过自然语言控制，进一步缩短了开发路径。Cline 还支持大语言模型厂商的 API 集成，用户可以在 Cline 中使用第三方大语言模型，这极大降低了经济成本。Cline 也是目前唯一一款在功能丰富度上可以比肩 AI 原生集成 IDE 产品 Cursor 的 IDE 插件集成 AI 产品。

2025 年发布的 Augment Code 与 Cline 类似，但 Augment Code 更聚焦于团队级别的开发流程优化以及长上下文窗口的处理。Augment Code 通过深入分析代码库、依赖体系以及团队的最佳实践，帮助开发者在熟悉的 IDE 下快速理解系统结构。很多使用 Augment Code 的用户对其的评价都是"非常智能"，认为它优于 Cline 甚至在上下文理解以及流程编排方面优于 Cursor，不过每个月 50 美元的价格也让很多用户望而却步。

总体而言，IDE 插件集成 AI 的技术实现形式虽然各不相同，但本质上都体现出了两个共同趋势：一是逐步摆脱"单点工具"定位，开始系统地参与到 IDE 中；二是功能从单纯的代码补全，延伸到协作优化、知识传递与复杂系统理解。

3.2.2　AI 原生集成 IDE

如果说 AI 插件是传统 IDE 的"外挂式"集成，那么 AI 原生集成 IDE 则是为 Vibe 编程理念重塑的开发环境。AI 原生集成 IDE 不再是简单的功能叠加，而是从系统架构、数据流、上下文管理到人机协作模式，全面围绕 AI 进行底层设计的产品。

在这一赛道中，Cursor 无疑是最具标志性的产品。2023 年发布的 Cursor 的第一个版本基于开源编辑器 VS Code 分支开发，却远不止传统意义上的"魔改"版本。Cursor 是首个真正意义上的 AI 原生集成 IDE，其技术路线与理念对比早期的集成插件有着革命性的区别。Cursor 的本质创新在于把整个代码库作为 AI 的输入基础。区别于早期插件时代基于"当前窗口"或"局部上下文"的浅层理解，Cursor 在启动后会自动对项目内的所有代码进行索引、解析与向量化，形成完整的语义地图。对于开发者的每一次提问、指令或补全请求，AI 都会站在全局工程的视角进行回应。这种深度集成，带来了与传统 IDE 截然不同的体验。

这种体验上的提升不仅停留在技术细节层面，更极大降低了编程门槛。例如，Cloudflare 副总裁年仅 8 岁的孩子，仅通过 Cursor 配合 AI，在短短 45 分钟内便独立搭建了一个聊天机器人应用。这虽是个例，却清晰展现了 Vibe 编程打破专业壁垒、重塑开发路径的潜力。

在 Cursor 中，实时代码补全、上下文感知、智能重构、光标预测、多文件协同早已成为基础功能。2025 年 Cursor 发布了 1.0 版本，截至本书完稿时，最新的 Cursor 版本是 Cursor 1.2，频繁的迭代让 Cursor 具备了很多强大的功能，如项目级 Rules（规则）集成、MCP Client（模型上下文协议客户端）集成、Memories（记忆机制）、BugBot（自动审查助手）以及 Background Agent 等。

Cursor 的出现像一块石子投向平静水面，迅速引发连锁反应，直接推动了整个行业对 AI 原生集成 IDE 的重视与探索。

2024 年发布的 Windsurf 可以视为在当时的 Cursor 基础之上的技术延伸与理念深化。它由 Codeium 团队打造。Windsurf 不仅集成了 Cursor 的诸多优势，诸如多轮对话、代码全局感知、实时代码补全等，也在多个维度尝试突破，尤其是在 "AI Flow"（AI 工作流）范式设计上带来了更系统、细腻的体验优化。

Windsurf 最值得关注的特性是其对多步骤、多工具协同的支持，这一特性打破了传统生成式 AI "单轮请求-单次响应" 的局限。通过内置的 Cascade 模块，Windsurf 将开发任务拆解为清晰的 Write 模式与 Chat 模式，Chat 模式面向日常对话与问题交流，Write 模式则支持直接生成文件、批量修改、多文件编辑，并通过开发者确认，自动完成实际代码层面的变更。这种操作不仅提升效率，还保留了开发者对项目控制权的把握。Windsurf 还实现了对开发环境的动态感知，能够自动追踪项目中的每一次更改，无论是新增文件、修改变量，还是方法重构，Windsurf 都会第一时间更新上下文信息，确保 AI 在后续交互中始终 "知道" 项目的最新状态。

3.2.3　IDE 的 AI 集成对比

通过在 VS Code 或 JetBrains 等 IDE 中安装 Copilot、Cline 或 Augment Code 等插件，开发者无须切换工作环境，即可获得强大的 AI 辅助能力。这种方式兼容用户现有的开发环境，只需在现有编辑器中安装插件即可，对团队快速推广极为友好。但由于插件在 IDE 中运行，AI 对项目整体结构的理解依赖手动上下文输入、局部缓存或插件智能检索，所以无法像 IDE 中原生集成的 AI 那样持续、系统地 "看懂整个工程"。插件集成也会受到不同 IDE 的底层架构限制，无法自由地扩展一些偏底层的功能。

Cursor 和 Windsurf 这种 AI 原生集成 IDE 显然对工程的理解程度更深、交互体验更好、可扩展性更强。当然，通过全局索引来理解工程代码库并不是绝对的"好"。只是相较于 Cline 这类产品的动态检索方案来说，用户在对项目文件进行检索、读取时，能获得更智能、更贴合上下文的响应体验；基于原生层面的集成让 AI 与 IDE 的融合更顺畅，细节的体验一致性更强；最重要的是，底层集成并不会受到 IDE 架构限制，可扩展性更强，这一点可以从 Cursor 的种种定制功能迭代上体现。但由于 Cursor 和 Windsurf 都是基于 VS Code 分支开发的，一些使用其他 IDE 开发的用户可能需要花时间适应新交互方式，甚至部分用户为了使用 Cursor 的强大功能同时也不脱离熟悉的 IDE 而使用双开的方式开发，显然这种体验是不友好的，这也是 Cursor、Windsurf 等 AI 原生集成产品的缺陷之一。

注意，IDE 插件集成 AI 产品 Cline 和 Augment Code，其实都在一定程度上借鉴了 Cursor 的设计思路；早期的 Windsurf 也一定程度上借鉴了 Cursor，但它基于 Cursor 走出了一条独特的路线，而后 Cursor 也汲取了 Windsurf 的一些优点。

3.3 端到端 Agent 编程

相比 IDE 集成辅助编程，端到端（end-to-end）Agent 编程产品代表了 Vibe 编程的更进一步形态——不再局限于代码补全或问题答疑，而是让 AI 真正自主完成整个开发链条上。

3.3.1 端到端 Agent 编程理念

所谓"端到端"，本质上是指 AI 能够围绕某个具体需求，独立完成整个软件开发过程的各个关键环节。这不仅包括代码生成，更包含功能实现、bug 修复、测试用例补充、文档同步更新，甚至是自动部署、上线发布。

与传统 IDE 集成的 AI 辅助功能相比，端到端 Agent 更加强调系统层面的自主协作能力。无论是 IDE 插件集成 AI 还是 IDE 原生集成 AI，往往都局限于某个具体操作，如智能补全、语义搜索或局部重构，虽然便利，但仍需开发者从宏观上把控整个项目节奏。而端到端 Agent 则具备更强的整体感知力和任务组织能力，可以根据需求主动思考、拆解任务，并协调完成执行。

由于需要整合大语言模型推理能力、复杂的上下文存储，以及与各类工具链打通，目前端到端 Agent 编程产品大多依托强大的云计算资源，部署在云端，尚未完全实现本地化替代。

3.3.2 端到端 Agent 编程产品

在端到端 Agent 编程赛道，Devin 无疑是最早打出"AI 软件工程师"旗号的产品之一，也因此被视为行业标杆，尽管它本身的实际体验和行业期待之间依旧存在不小的差距。

Devin 最初发布时，团队的愿景非常激进，主打"全自动端到端开发"，也就是让 AI 能够自主理解需求、拆解任务、生成代码、测试运行、修复问题，甚至完成上线交付的全流程。其 500 美元/月的高昂订阅价格，加上模型本身尚不成熟，让许多开发者望而却步，早期尝试者也普遍反馈 Devin 的"智力水平"有限，甚至笨拙。

但随着行业技术迭代，Devin 快速调整了产品路线。一方面，订阅价格下降至20 美元/月起步，并引入了按用量付费模式，另一方面，产品层面强调"Treat Devin like a junior engineer"（像对待初级工程师一样对待 Devin）的务实定位——把 Devin 当做初级开发者使用，合理期待它在简单、结构化任务上的表现，同时保留人类开发者对复杂决策、审核环节的主导权。

实际上，Devin 当前的能力呈现出典型的"高完成度、低智能密度"特征。也就是说，虽然模型推理水平一般，但产品整体流程打磨得比较完善，尤其是当用户提供合理的提示词设计与任务拆解步骤时，Devin 基本能完成基础功能开发、简单bug 修复，甚至较为复杂的多步骤工作流。

不过，Devin 还有一个无法忽视的劣势——"Agent 烧钱"问题极其突出。例如，让 Devin 处理一个 GitHub Issue（问题），可能要消耗 3 个左右的代理计算单元（agent compute unit，ACU），ACU 单价约 2.25 美元。对于更复杂的问题，若模型不理解意图、反复尝试，很容易快速消耗掉更多 ACU，成本陡增。因此，许多用户的实际策略是利用 Devin 快速生成项目初版，随后切换到 Cursor、Windsurf 等AI 原生集成 IDE 产品中精修细节。

从技术栈角度看，Devin 的优势并不完全来自模型推理本身，而更多体现在系统集成与工作流设计上。Devin 支持与 Slack、Linear、Jira 等常见团队协作工具直接集成，任务分发、状态跟踪、结果反馈都能嵌入主流工作环境，极大提升了

in-context（上下文）开发体验。

另一个值得关注的细节是 Devin 推出的 Confidence Rating（信心分，用于衡量模型对当前任务准备度与成功概率的指标）机制。这项功能通过系统评估每次任务的完成信心，帮助用户规避低质量输出带来的资源浪费。毕竟，Agent 的"误解"不仅影响效率，更直接消耗算力成本。某种意义上，这种自我反馈设计也体现了 Devin 团队对于"端到端 Agent 编程产品如何真正落地"的深度思考。

除了最早的 Devin，端到端 Agent 编程产品还诞生了许多细分领域的代表。

- v0 更偏向前端用户界面（user Interface，UI）场景，用户通过简单描述即可快速"画"出界面原型。借助 React、shadcn/ui 组件化体系，v0 生成的结果不仅美观，而且具备真实可用性，能够无缝接入项目代码。Vercel 团队通过深度工程优化、模板复用和模型微调，打磨出行业领先的使用体验，并使 v0 逐步扩展至全栈开发场景，支持与 GitHub 无缝集成，可以看出 Vercel 团队的"野心"不小。

- Bolt、Replit、Lovable 等主打"idea to App"（从想法到应用程序）的产品。这些产品致力于简化开发流程，打通前后端与部署链路，并提供实时预览，力图让用户无须过度关注底层实现，仅凭自然语言和思维驱动，即可快速完成产品雏形的开发与上线。其中，Bolt 更强调开发者友好，Replit 主打云端一站式环境，二者虽然也号称"小白可用"，但它们仍然会把代码展示给用户，使用过程中依然会弹出一些构建错误，主要面向有一定技术背景的专业人士，如产品经理、UI 设计师、开发者等。Lovable 则面向低技术背景用户，进一步降低使用门槛。

- YouWare 在端到端 Agent 编程方面表现得更加大胆、激进，完全隐藏了底层技术细节，用户既看不到代码，也不会遇到构建错误之类的开发概念。用户只需要提出自己的想法，玩转 YouWare 提供的一些轻交互功能，AI 就会自动生成可用的网站、应用或者小工具。YouWare 甚至会帮用户悄悄屏蔽掉失败的尝试，整体体验极大降低了心智负担，哪怕是技术"小白"也可以"放心大胆地玩"。YouWare 本质上是一个围绕用户生成软件（user generated software，UGS）概念设计的平台，即让更多普通人参与软件创造，对无编程基础的普通用户来说绝对是福音。不过，对专业开发者来说，YouWare 的可控性较差，普通用户也许不会太在意一些技术细节，但由于 YouWare 平台的生成、实现细节对用户来说都是"黑盒"，所以专业开发者群体无法直接调用或定制底层技术栈，其深厚的技术储备难以发挥作用，只能和普通用户一样通过自然语言来进行编程。

在 AI 时代，程序员与"Vibe Coder"（即不依赖技术细节、用创意驱动软件生产的人群）共存成为现实，而像 YouWare 这样的产品，正是普通人进入 AI 生产力体系的重要入口。或许它无法直接挑战专业开发者的工具链，但可能重塑大众与软件和 AI 之间的关系，推动"人人可编程"这一愿景真正落地。

YouWare 及类似产品能否像短视频平台那样成为大众级创作工具，仍值得持续观察。但随着平台体验进一步打磨、输出形式持续丰富、成本结构逐步优化，YouWare 已为端到端 Agent 编程赛道注入了更具娱乐性与大众化的可能性。

3.3.3　运作机制与系统架构

端到端 Agent 编程产品表面上看似"简单对话生成应用"，实际上背后是一整套高度集成、系统化的复杂技术栈。这些产品之所以能实现从需求输入到产品交付的全链路体验，关键在于底层的多层协同与智能化机制。

端到端 Agent 编程产品的核心是大语言模型推理能力。相比 GitHub Copilot 这类 IDE 插件，端到端系统普遍使用上下文承载能力更强、推理链条更深的大语言模型。这些模型不仅能够理解单一指令，还具备持续对话、链式思考、分步规划的能力。例如，Devin 背后的模型，虽然宣传上是自主的"AI 软件工程师"，但实际上仍依赖于大语言模型的多轮推理、动态规划来应对复杂需求。

持续的上下文同步机制是保障 Agent 整体运转的基础。Replit、Devin、Bolt 等产品通常通过文件系统监听、实时索引、状态监控等手段，保持对当前开发环境、历史操作、外部系统的全面感知。这意味着，Agent 并非一次性接收信息、生成结果，而是实时跟踪需求变化、代码结构演变，动态调整自身行为。例如，Devin 能够根据 Jira、Slack 的变更自动更新任务状态，Replit 则通过工作区结构维护完整上下文，支持多轮开发与调试。

在此基础上，工具链调度能力是端到端产品的核心。单纯的大语言模型输出只能给出文本或代码片段，而端到端系统往往内置完善的工具调用接口，覆盖代码编写、测试执行、依赖安装、环境部署等多个环节。例如，Bolt、YouWare 内置了前后端一体化部署流程，让用户无须切换环境即可把想法实现为可用产品。

目前越来越多端到端平台开始尝试多 Agent 协同架构。以 Devin 为例，其设计中引入了知识库（knowledge base）、Playbook（一种高效复用机制）等功能，允许多个子 Agent 各自负责需求拆解、代码撰写、bug 修复、测试验证等不同角色，通过协同分工提升整体效率和健壮性。这种架构实际上模拟了人类开发团队的协作逻辑，也体现出了 Agent 编程产品逐步向"团队级智能体"演进的趋势。

此外，结构化输出与结果呈现是端到端系统提升实用性的另一重要方面。Replit、Lovable 等平台普遍提供实时预览、可视化交互式操作界面。相比传统的代码差异（即展示修改前后代码文本的差别）、文本响应，结构化、图形化的结果输出大大降低了使用门槛，提升了产品完成度。当然，这一切的背后，依然依赖强大的算力基础与工程体系支撑。YouWare 通过弱化技术细节，牺牲了部分专业控制力，换来了面向大众的低门槛体验。不同产品在系统设计上的权衡，最终决定了它们的定位差异与目标用户群体。

3.4 应用形态的未来

Vibe 编程仍处于快速演变期，无论是产品形态、用户分层，还是技术底座与交互理念，整个行业都处在试验与博弈的早期，虽然混乱，但方向逐渐清晰。相比最初单纯的智能补全或代码生成工具，目前的 AI 编程产品已显现出明显的应用分层。

3.4.1 新的应用形态

AI 编程领域涌现出一批具有代表性的新形态产品，它们代表了不同方向的技术探索。

- Claude Code 是 Anthropic 推出的首款命令行优先的 Agent 编程工具，其设计宗旨是将 AI 安全地引入工程师日常开发流程中。不同于 IDE 集成辅助编程，Claude Code 直接运行在终端中，开发者可以通过简单的自然语言命令，在终端中让 Claude Code 编辑文件、修复 bug、运行测试、使用 Git 管理版本，也可以调用网络搜索工具来补充信息。Claude Code 还支持将项目内嵌文档（如 CLAUDE.md 文件）作为上下文，使 AI 对项目的初始理解更准确、响应更贴合项目结构。Anthropic 官方也强调其"安全与隐私设计"——所有交互均通过本地终端直连，不经过中转服务器，支持与企业云平台集成。当然，Claude Code 也提供 IDE 插件集成功能，甚至可以在 Cursor 中通过插件集成使用。

- Gemini CLI 是谷歌推出的开源命令行型 Agent，基于 Gemini 2.5 Pro 模型，并具备 MCP 支持、外部内容搜索和多模态能力。开发者不仅可以通过对话驱动代码生成、调试及解释，还能读取和写入文件、执行 Shell 命令、生成文档，甚至可以调用图像与视频生成工具（如 Veo 和 Imagen）。Gemini CLI 的优势是其开源属性和庞大的上下文窗口，同时免费提供每日请求限额，对于喜欢定制工具链的团队极具吸引力。

与 Claude Code 相比，Gemini CLI 在极大程度上解放了用户对 AI 的使用方式，不局限于 IDE，也不依赖于商业订阅，它更像是一个可扩展、可定制的 DevOps 助手。

Claude Code、Gemini CLI 其实是对新编程形态的尝试，目前来看还有很长的路要走。未来的 AI 编程产品演进的一个重要趋势在于多模态协同——不仅限于文本理解与代码生成，还将逐步融合语音、图像、界面交互，打破传统的"编辑器-控制台-浏览器"界限，实现开发、调试、部署一体化体验。同时，桌面端、网页端、移动端、云端的功能边界也将进一步模糊，AI 编程产品正在向"全端统一、随时随地编程"演进。

3.4.2　应用形态与用户分层

从宏观来看，AI 编程生态可大致划分为两大应用形态。

- AI 辅助编程产品。这类产品主打的功能是辅助编程，它们是现有开发工作流的"增强器"，致力于让专业开发者写代码更快、更高效、更省心。以 Cursor、Cline、GitHub Copilot、Claude Code 为例，它们通常会选择集成在传统的 IDE 中，提供代码补全、生成、重构等功能。这些产品也都在尝试向端到端进化，例如 Cursor 的 Background Agent 实现了一部分端到端的能力，可以称之为"半端到端"，因为这类产品的上下文理解能力、记忆能力、任务处理能力以及智能体编排能力是可以被外部调配的［如 Cursor 中的 Rules（规则）编排］。专业开发者可以在框架内定制或编排 Agent，但普通用户用起来就需要一定的学习成本，不然只能使用一些框架默认集成的能力。
- 端到端 Agent 编程产品。这类产品主打的功能是独立完成开发任务，它们往往脱离了传统的开发环境束缚，试图将专业开发者从具体的编码执行者转变为任务分配者或代码审查员。以 Devin、v0、Bolt、Replit、Lovable 和

YouWare 为例，它们通常可以自主理解需求、编写代码、调试问题，甚至可以进行项目管理以及集成部署。对绝大多数普通用户来说，使用这类产品进行编程才是真正意义上的 Vibe 编程，因为用户无须考虑任何通过自然语言描述意图之外的问题，这些产品甚至都不太倾向于在第一视角为用户展示 AI 生成的源代码，而是直接给出成果（如 YouWare）。但对专业开发者来说，这类产品的局限性更大，因为专业开发者往往需要对生成结果进行更细粒度的把控。

借助自动驾驶的分级理念，我们可以按照自动化层级，对市面上的 AI 编程产品进行分类。

（1）1 级——对话助理。

这一层代表最早也是最广泛普及的 AI 编程形态，典型的产品有 ChatGPT、Claude 和 Gemini，通过自然语言问答的方式，辅助用户生成代码片段、解释逻辑、提供开发建议。尽管 1 级 AI 编程产品在对话中具备一定的上下文感知能力，但整体模式仍是"离散对话"，无法持续追踪项目状态，用户需要自行理解、整合、调整 AI 输出，属于轻度辅助性质。

（2）2 级——智能协同。

以 Cursor、Windsurf、Claude Code 等为代表，2 级 AI 编程产品突破了简单的"离散对话"模式，将 AI 深度嵌入开发环境内部，具备更完整的工程级上下文索引、智能补全、链路感知与协同开发功能。相比 1 级 AI 编程产品，2 级 AI 编程产品更关注"系统性"与"工程落地"，AI 能够在 IDE 内辅助完成复杂功能生成、智能重构、代码导航、团队同步等任务，成为开发者的有力辅助工具。注意，2 级 AI 编程并不意味着端到端自主开发，更多是协同工作模式——AI 辅助，开发者主导。

（3）3 级——自主交付。

这一级代表 AI 编程的前沿探索方向，典型的产品有 Devin、Bolt、v0 和 YouWare，核心在于 AI 能够围绕具体需求，独立完成从需求拆解、功能开发、测试上线到结果交付的完整闭环。3 级 AI 编程产品强调自主性与系统集成，部分具备多 Agent 协同、持续上下文追踪、工具链联动、智能反馈修正能力，努力朝"AI 团队成员"或"虚拟工程师"方向演进。虽然当前 3 级 AI 编程产品在复杂性、可靠性上仍存在挑战，但其理念预示着开发者角色从执行者转向需求设计者，AI 将承担越来越多的工程落地任务。

3.5　小结

目前的 Vibe 编程产品依然处于高速演变阶段，从最早的通用大语言模型辅助编程，发展到 IDE 集成 AI 辅助编程，再到端到端 Agent 编程，最终延伸出覆盖开发、测试、部署、协作的一体化智能体系。Cursor、Windsurf 等代表产品推动了团队级协同，Devin、Bolt、YouWare 则探索端到端自主编程新范式，Claude Code、Gemini CLI 等产品也在探索不同的应用形态。

## 第 4 章

Vibe 编程应用场景与实践案例

任何技术的真正价值，皆取决于其能否在现实场景中应用。Vibe 编程作为一种以自然语言交互驱动 AI 自动生成代码的新兴开发范式，其实践效果决定了它究竟是概念上的美好设想，还是能够切实推动软件生产方式变革的现实利器。

在全球数字经济浪潮的驱动下，编程技术革新已成为产业升级的核心引擎。Vibe 编程以"所想即所得"的对话式开发模式为核心：开发者只需通过自然语言指令，即可将头脑中稍纵即逝的创意迅速转化为可运行的代码。这种方式不仅大幅降低了技术门槛，也催生了全新的商业生态。

市场数据为这一趋势提供了有力佐证。

- 根据 Grand View Research 的统计，2024 年全球 AI 市场规模已达 2,792.2 亿美元，预计到 2030 年将突破 1.8 万亿美元，2025—2030 年复合年均增长率（compound annual growth rate，CAGR）达 35.9%。
- Exploding Topics 统计显示，截至 2025 年 7 月，全球 AI 市场规模约为 3,910 亿美元，行业整体年均增速约为 35.9%。

在应用层面，新兴平台与头部企业的实践同样令人瞩目。

- Replit 平台：75% 的 Replit 用户在首次使用前从未编写过一行代码，却凭借其 Ghostwriter AI 功能，成功将创意转化为完整产品。
- 谷歌：CEO Sundar Pichai 曾在第三季度财报电话会议中透露，超过 25% 的新代码由 AI 生成，这表明自然语言驱动的代码自动化已深度融入其内部开发流程。
- Y Combinator：管理合伙人 Jared Friedman 在 2025 年冬季演示日（W25 Demo Day）活动中提到，1/4 的参选初创团队，其核心代码库有 95% 以上由 AI 生成，彰显了 AI 编程在创业初期的强大助力。

透过上述市场数据与实践案例，我们既能直观感受到 Vibe 编程的可行性，也能洞察其作为方法论的应用边界与未来演进方向。

本章将系统梳理 Vibe 编程在不同领域和角色中的应用，通过对任务类型、协作模式与落地成效的综合分析，揭示它在提高开发效率、降低协作成本并加速创新落地方面的独特优势。

我们将精选若干典型案例——从产品原型构建到业务流程自动化，从教育评估优化到创意快速实现——展示 Vibe 编程在真实场景下的可行性与潜力。

4.1　应用场景剖析

Vibe 编程凭借低代码、可视化与意图驱动的特性，为软件开发带来了全新范式。它不仅降低了编程门槛，更通过高效的开发体验，拓展了技术的适用边界。无论是对产品原型构建、个人创意实现、编程教育启蒙，还是对企业内部流程自动化，Vibe 编程都展现出了独特优势，本节将围绕这 4 类典型应用场景展开介绍。

4.1.1　产品原型快速构建

在产品研发初期，验证创意可行性至关重要。因为未经验证的创意可能存在技术瓶颈、市场需求错位等问题，直接进行大规模开发不仅可能会浪费大量时间和资金，还可能导致产品最终无法落地。通过快速构建原型来验证可行性，一旦可行性验证失败，意味着前期投入的资源（包括开发成本、人力时间、设计资源等）无法产生预期价值。但早期失败也有积极意义，它避免了将方向错误延续到产品成熟期，为团队节省了后续大规模开发、市场推广等更高昂的成本，让团队能够快速调整策略，将资源重新投入到更有潜力的方向。

使用以编程大语言模型为代表的 AI 编程技术，在原型开发阶段能显著降低成本。从时间成本看，人工编写原型这种传统方式可能需要数周甚至数月，而 AI 编程通过自然语言指令解析与智能代码生成，可将开发周期压缩至几天甚至几小时。在人力成本方面，AI 编程降低了对专业开发者的依赖，缺乏编程经验的个人与小型团队也能完成开发，减少了外包或高薪聘请开发人员的费用。

以一家专注于文化创意产品开发的小型工作室为例。该团队计划推出一款融合增强现实（augmented reality，AR）技术的戏曲脸谱互动明信片。用户扫描明信片上的脸谱图案，即可观看对应戏曲角色的经典唱段视频与角色背景介绍。若采用传统开发模式，需组建包含 AR 开发工程师、前端开发人员、视频剪辑师等角色的专业团队，从零编写代码，开发周期长达 5～7 周，人力成本可能达到数十万元。

　　于是，该团队尝试使用编程大语言模型进行开发。开发人员先将产品需求按照模块拆解成具体的任务，而后仅需在编辑器的交互界面输入"创建基于 AR 的脸谱识别功能，识别脸谱后播放对应视频及文字介绍"，编程大语言模型便能基于其内置的 AR 开发框架和多媒体播放库，快速生成 JavaScript 与 Python 混合代码。

　　在开发过程中，当遇到视频加载缓慢的问题时，开发人员向模型提问："如何优化移动端视频加载速度？"模型即时分析代码，建议采用分片加载技术并压缩视频码率。借助 AI 设计工具完成界面设计后，团队仅用 6 天时间就完成了原型搭建，并且人力成本节省超 70%。

　　再如，某独立开发者在健身领域探索应用，通过 Vibe 编程搭建出动作识别与反馈功能框架，为后续功能打下基础。即便存在进一步优化空间，该工具依然极大缩短了从构想到初步实现的时间。

　　这一能力使得个人创作者、小型团队乃至初创企业都能在早期阶段以极低成本试错，从而提高产品孵化成功率。

4.1.2　"全民开发"兴起

　　1.1 节讲述了退休教师王阿姨借助 AI 编程工具开发家庭相册 App 的案例。她最初只是一个有模糊想法的普通用户，但通过对话与 AI 协同，逐步明确需求，从"上传照片""微信登录"到"标签分类""背景音乐"，AI 编程工具不仅能理解她的意图，还能自动完成后端接口搭建、数据库建模、前端界面生成等开发流程。

　　在整个过程中，王阿姨不需要编写一行代码，也无须掌握复杂的技术术语，只需像日常交流一样与 AI 沟通修改建议，例如"封面希望更温馨些"或"视频能不能快点生成"，AI 就能理解语义并自动优化界面风格或后端算法。仅用 3 天，她便完成了一个具备完整功能的应用雏形。

　　这一案例不仅展现了 AI 编程工具对自然语言意图的高效理解与转译能力，更体现了"非程序员"的创意可以直接驱动产品的诞生。这正是"全民开发"兴起的核心：技术门槛的断崖式降低，让普通人也能主导产品开发流程。

4.1.3　启蒙利器与进阶阻碍

　　在编程教育领域，Vibe 编程凭借直观的可视化交互界面与零代码的特性，已成为低龄学生和编程初学者的启蒙利器。其独创的"积木式编程工作台"搭载智能引导系统，不仅支持模块化组件的自由拖曳与参数配置，还通过动态提示框和步骤回放等功能，将复杂的代码逻辑转化为具象化的操作。

学习者只需通过图形化界面完成流程搭建，系统便会自动生成对应的代码，实现"创作即学习"的有趣体验，如图 4-1 所示。

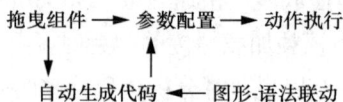

拖曳组件 ⟶ 参数配置 ⟶ 动作执行

自动生成代码 ⟵ 图形-语法联动

图 4-1 "创作即学习"闭环

以上海市某小学编程兴趣班为例，教师以"开发简易电子相册"为教学案例，生动展现出 Vibe 编程的教学效能：在 10 分钟的模块化操作演示中，教师通过可视化界面来拖曳图片展示模块、配置切换效果组件，并设置动画参数与展示逻辑。AI 工具实时生成代码预览窗口，同步呈现每个操作对应的代码片段，帮助学生建立图形与代码的映射关系。随后在 40 分钟的实践环节，学生小李将家庭旅游照片导入 AI 工具，通过调整图片尺寸、添加文字注释，配合"淡入淡出"的转场特效，仅用 20 分钟便完成了相册开发。更具创新性的是，他灵活运用事件触发机制，通过关联多媒体组件，实现了点击照片同步播放对应旅游视频的交互效果。这种寓教于乐的方式，使学生在实践中自然掌握顺序执行、条件判断等编程核心概念。课程结束后，90%学生成功完成作品，80%学生明确表示对编程产生浓厚兴趣，部分学生甚至主动尝试添加背景音乐与导航菜单等进阶功能。

4.1.4 企业内部流程自动化：效率提升与整合难题

在企业日常运营中，重复性、规律性工作任务占据员工大量时间、消耗其大量精力，不仅工作效率低，还易出现人为错误。Vibe 编程凭借零代码、可视化特性，为日常工作自动化提供了高效路径，助力企业降本增效。

某广告传媒公司市场部每月需从社交媒体平台、搜索引擎广告后台、电商平台数据中心等多渠道下载营销数据，经清洗、格式统一、图表制作后撰写分析报告。以往需要 3 名员工耗时 2 天完成，且在数据复制粘贴、公式计算过程中错误频发。

2023 年年底，该部门尝试开展自动化实践。部门主管带领两名有计算机基础知识的员工，通过自然语言向大语言模型下达指令："创建一个能自动从抖音、百度推广、淘宝后台下载数据的脚本，清洗异常数据，统一成 CSV 格式，并生成包含点击率、转化率的柱状图与折线图，最后输出月度营销分析报告。"大语言模型依据指令调用数据采集、清洗、可视化相关算法与模板，快速生成 Python 与 Shell

混合脚本。员工在少量调试后，成功搭建起自动化系统。系统运行后，原本 2 天的工作 1 小时内即可完成，数据准确率几乎达到 100%，员工得以将更多精力投入数据分析与策略制定中。

4.2 实践案例详解

AI 辅助编程已成为不可逆转的产业趋势，而 Vibe 编程正是该趋势的代表力量与先锋实践者。本节将从独立开发者、创业公司等多个维度，像用放大镜般深度剖析 Vibe 编程所带来的变革与机遇。从独立开发者利用它在这片新天地中崭露头角，到创业公司凭借它异军突起，再到大型企业借助它实现战略转型，以及开源社区在其影响下掀起创新浪潮，Vibe 编程正以全方位姿态重塑软件开发格局，为各类参与者带来前所未有的机遇与挑战。

注意，虽然 Vibe 编程这一术语直到 2025 年才被正式提出，但从大语言模型被应用于编程开始，其背后的思维方式就逐步被广泛认可。下文案例或未直接贴合 Vibe 编程这一标签，实则皆源自同一核心：以自然语言引领、让 AI 为主体的全新开发范式。

4.2.1 独立开发者的成功案例

Vibe 编程的出现为独立开发者打开了一扇通往新世界的大门，让"无代码基础也能开发应用"的梦想从遥不可及变得触手可及。根据 GitHub Octoverse 2024 报告，过去一年中，生成式 AI 项目数量增长了 98%，相关贡献也上涨了 59%。此外，教师、学生和维护者使用 Copilot 的人数翻倍。可见，通过自然语言交互和 AI 编程工具，越来越多非专业开发者正加入开发行列，贡献代码显著增加，这一惊人数据直观展现了 Vibe 编程对独立开发者的强大赋能效应。

接下来，让我们通过几个典型案例，看看独立开发者如何在这一理念的驱动下，实现从零到一的跃升。

1. 恋爱社交领域的开拓者

Blake Anderson 的创业经历堪称 AI 赋能个体开发者的典范，堪比一部精彩的创业传奇。作为 2023 年大学毕业的年轻人，他凭借对"Z 世代"社交痛点的敏锐洞察，毅然投身社交工具创业。在开发过程中，他并不是像传统开发者那样耗费大量时间来编写复杂代码，而是用自然语言向编程工具清晰描述功能需求，例如"开发一个能根据聊天场景生成高情商回复的模块"，编程工具快速响应，在 AI 的帮助下自动生成相应的代码框架，并基于 500 万条真实聊天数据进行训练与优化。

延伸阅读

"Z 世代"，网络用语，通常指 1995 年—2009 年出生的一代人，他们一出生就与网络信息时代无缝对接，受数字信息技术、即时通信设备、智能手机产品等的影响比较大。

Blake 打造了一款恋爱社交应用 Plug AI（原名为 RizzGPT，见图 4-2）。Plug AI 不仅具备对话实时分析与情感识别能力，还创新性地推出了"恋爱人格画像"功能，借助语义情感分析为用户匹配专属沟通策略，如同为用户配备一位"恋爱沟通导师"。这种深度交互模式极大提升了产品吸引力，其付费转化率高达 35%，远超行业平均水平。在商业策略上，Blake 采用"基础功能免费+高级订阅+虚拟商品"的组合模式，使得单付费用户平均收入（average revenue per paying user，ARPPU）达到 12.8 美元。借助 TikTok 上的#RizzGPTChallenge 话题营销，用户创作的"AI 恋爱教学"短视频迅速走红，总播放量突破 27 亿次，助推产品上线首年营收突破 1000 万美元，成为独立开发者借助 AI 成功创业的典范。

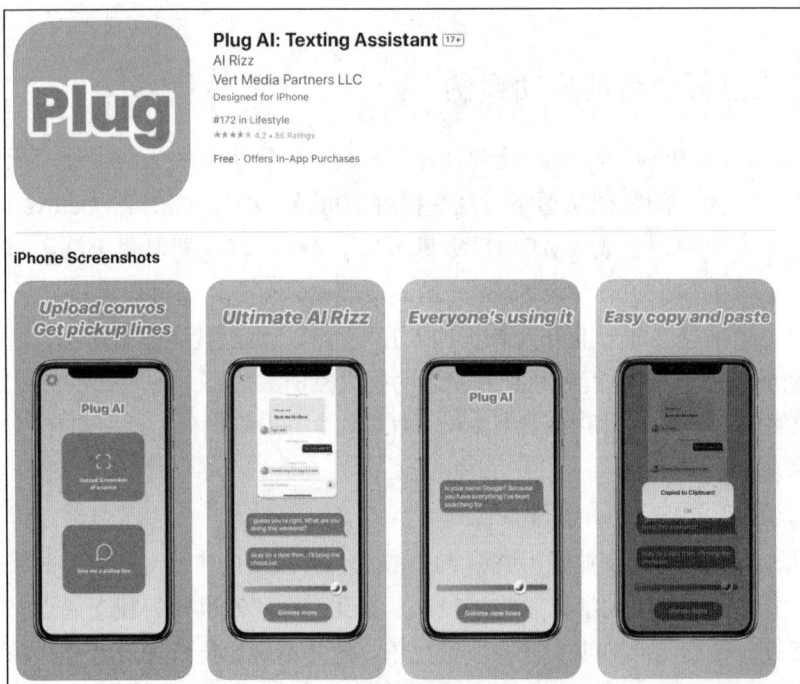

图 4-2　Plug AI

2. 从网文作者到全栈开发者

国内开发者赵纯想的转型历程同样精彩，令人赞叹。从网文作者跨界成为全栈开发者，这一看似不可能的转变在 Vibe 编程的助力下变得顺畅而自然。他使用 Midjourney 进行 UI 原型设计，再通过自然语言编程将这些视觉创意转化为功能代码。在短短 8 个月内，他成功开发出 23 款垂直领域应用，展现出惊人的创造力与执行力。

其中，"胃之书"App（见图 4-3）融合大语言模型与美食知识图谱，为用户带来了前所未有的美食体验。只需输入"番茄""鸡蛋"之类的食材组合，"胃之书"App 便能基于 AI 分析生成营养评估、烹饪步骤与个性化饮食建议，就像贴身营养师一样。该 App 在小红书引发"AI 食谱创作"热潮，凭借独特功能和优质体验，连续 14 天稳居 App Store 美食类榜单前三名，单月广告与会员收入高达 1.7 万美元。

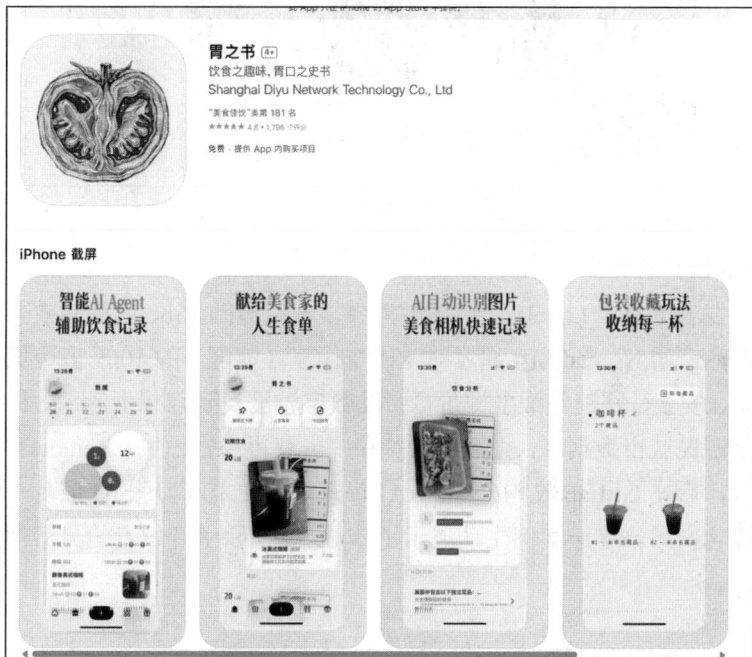

图 4-3 "胃之书"App

3. 小时级开发的奇迹创造者

"小猫补光灯"应用（见图 4-4）的开发者陈云飞将 Vibe 编程的高效发挥到了极致，成为圈内广为传颂的案例。面对小红书博主对补光的实际需求，他在 Cursor 编辑器中输入自然语言指令"开发双区域智能补光功能，支持动态照片（live photo，俗称"Live 图"）实时处理。"，仅用 1 小时便完成了产品原型开发。应用上线后，单日下载量突破 2 万次，Pro 版付费转化率高达 22%，实现"小时级开发，百万级营收"的传奇，充分证明了 Vibe 编程在独立开发中的巨大潜力。

图 4-4 "小猫补光灯"应用

4. 环游世界的开发者

荷兰开发者 Pieter Levels 一边环游世界，一边借助 Vibe 编程高效开发产品。他推出的产品，如 Nomad List 通过对 187 个国家（地区）的 1000 多个城市从消费水平、气温、安全、网速等维度评价，帮助数字游民找到理想生活地，构建了全球最大的数字游民城市数据库，凭借会员费和广告获得稳定盈利；Remote OK 则是远程工作平台，后被 GitLab 收购；Photo AI 每月生成约 100 万张 AI 照片，通过用户反馈持续优化产品。这一案例生动展示了 Vibe 编程赋予开发者的灵活创造力与持续进化能力。

4.2.2　创业公司的应用实践

Vibe 编程正如一根点石成金的魔法棒，悄然重塑着创业生态，成为初创企业实现"小团队、大创新"的关键制胜法宝。根据 Y Combinator 的 W25 活动公开数据，Y Combinator 管理合伙人 Jared Friedman 在一次访谈中透露，有 25% 的初创团队，其核心代码库中有 95% 以上是由 AI 生成的。这一惊人数字充分展现了以自然语言驱动、让 AI 主导编码的 Vibe 编程思维在创业领域的深度渗透与巨大价值。

在健康科技领域，某匿名创业团队仅由 1 名工程师和 2 名产品经理组成，尽管团队规模精简，却在 Vibe 编程理念的加持下释放出惊人的创新力。他们依托 Replit 平台，将"通过照片识别食物并预测健康风险"的设想迅速落地。团队成员通过对话式交互向编程工具发出精准指令，如"构建基于 GPT-4V 的图像识别模块，结合长短期记忆（long short-term memory，LSTM）网络实现健康风险分析"，AI 工具便依照 Vibe 编程范式自动生成相应代码，并迅速完成各模块的整合。最终开发出的 Cal AI 应用对食物的识别准确率高达 98.7%。该产品在内测阶段即因卓越性能与创新理念获得 2000 万美元 Pre-A 轮融资，充分验证了 Vibe 编程驱动下的创业创新拥有巨大潜力，小团队也能在竞争激烈的市场中脱颖而出。

教育科技领域同样涌现出一系列创新成果。GradeWiz 由康奈尔大学学生 Max Bohun 和 Aman Garg 联袂创立，并成功入选 Y Combinator 2025 年冬季批次。团队基于 AI 与计算机视觉技术，构建了一套自动批改数学与编程作业的系统，已在宾州州立大学、康奈尔大学、纽约市立大学亨特学院、加州州立理工大学和锡拉丘兹大学等多所高校累计批改超过 30,000 份作业。与传统人工批改相比，GradeWiz 将助教的工作效率提升约 60%，平均每位助教每周可节省约 4 小时批改时间。凭借高效、可靠的自动评估能力，GradeWiz 正引领"AI 辅助教育评估"的新赛道，为教育领域注入强劲的技术驱动力。

4.2.3　大型企业的转型

头部科技企业纷纷将 Vibe 编程纳入其战略体系，仿佛在激烈的商业战场上为自身装备上一把锐利的武器，视其为提升核心竞争力的重要抓手。

谷歌在 2024 年 I/O 大会上披露，自然语言驱动的 AI 编程工具已在内部大规模项目中发挥关键作用：在一次核心代码迁移工程中，约 74% 的代码改动由自动化工具完成，整体迁移时间缩短约 50%。虽然尚无公开数据表明代码迁移时间在常规代码审查流程中的具体占比，但这一成果已充分说明，以自然语言交互辅助的代码生成和修改，能够显著提升团队在复杂项目中的工作效率。

与此同时，GitHub Copilot 在受控实验中的表现也令人瞩目：其在常见编码任务上的加速效果约为 55%。这一公开数据充分说明，以自然语言交互辅助的代码生成与补全，能够显著提升团队在复杂项目中的开发效率。开发者只需描述功能需求，例如"创建一个可实时监控设备状态的模块"，系统便可自动推理生成完整代码。关键功能模块的开发周期已由数月压缩至数周，有效缩短了产品上市时长，显著提升了市场响应速度。

国内科技巨头腾讯也在其核心产品线中践行 Vibe 编程思维，其自研编程助手"天工"已深度嵌入整个开发流程。

- IDE 插件层：内置于定制版 VS Code，开发者可在编辑器中直接以自然语言发起请求。
- CI/CD 流水线：在每次编译构建环节，"天工"自动校验、补全并优化脚本与配置，确保交付质量。
- 游戏引擎工具链：与内部引擎无缝对接，一键生成技能脚本、UI 交互逻辑及粒子特效配置，并自动打包入资源包。

以《王者荣耀》新赛季迭代为例，团队在 IDE 内输入"生成具有炫酷特效的战斗技能代码"后，天工即刻产出完整技能脚本、UI 交互逻辑及粒子特效配置，令版本迭代效率提升约 50%，玩家首周留存率提升 8.3%。这一深度集成不仅验证了 Vibe 编程思维在大型复杂项目中的卓越效能，也助力腾讯游戏在激烈竞争中始终保持领先。

4.2.4 开源社区的适应与创新

Vibe 编程的兴起为开源社区注入了前所未有的活力，犹如在平静湖面掷入一颗巨石，激起层层创新涟漪，促使开源生态发生深层次的结构性变革。

GitHub 官方的 Octoverse 2024 报告指出，2024 年 GitHub 平台上与 AI 相关的项目数量和贡献显著增加，表明 AI 已成为开源社区发展的重要驱动力。

此外，学术研究也表明 AI 对拉取请求（pull request，PR）流程的影响正在显现。例如，2024 年发布的一份研究报告 "Generative AI for Pull Request Descriptions: Adoption, Impact, and Developer Interventions" 分析了 18,256 个使用 Copilot 自动生成提交描述的情况，发现：

- Copilot for PRs（即自动生成提交描述功能）的使用正在快速增长；
- 采用 AI 描述的 PR 审查时间较短，合并率更高；
- 开发者往往会再手动完善自动生成的内容。

这些研究表明，虽然某些方面仍需人工调整，但 AI 正在切实提升协作流程效率，成为开发下一代开源协作工具的重要组成。

在 TensorFlow 生态中，开发者通过自然语言指令"生成分布式训练代码，提升训练效率"，在 Vibe 编程框架下自动生成的代码使模型训练效率提升了约 30%，有力推动了该开源框架在性能优化方面的持续演进，保持其在全球 AI 开源框架中的技术领先地位。

与此同时，新兴开源项目也在积极探索人机协作的新模式，推动开源创新的边界不断拓展。例如，AutoML-Zero 项目完全通过自然语言指令自动生成机器学习算法代码，彻底打破传统算法开发方式，为自动化建模与算法创新提供了全新思路。

更值得关注的是，开源社区在迅速发展的同时，也对"AI 自主开发的伦理问题"展开了前所未有的深度讨论。据统计，在 GitHub 项目讨论区，每日新增超过200 条围绕这一话题的探讨，涵盖模型安全性、代码可信度、生成内容版权等多个维度。这表明 Vibe 编程不仅加速了开源项目的技术演进，更促使整个开源生态在效率与智能之余注重构建伦理规范与价值共识，推动开源社区向更高效、更开放、更具责任感的方向不断演进。

4.3　小结

通过对典型场景的剖析与具体案例的展示，我们可以看到 Vibe 编程在多个领域中已展现出强大的实践价值：它不仅显著降低了开发门槛，也重塑了人机协作的方式，正在成为创新驱动与敏捷交付的重要工具。然而，真正发挥其潜力，并非仅靠工具本身，更依赖于一套科学合理的使用方法与工程实践体系。

因此，第 5 章将进一步梳理 Vibe 编程的最佳实践方法，从需求规划到协同模式，从质量管理到持续演进，提炼出一套可复用、可推广的实战指南，帮助开发者更高效、更稳健地拥抱 Vibe 编程新范式。

最佳实践

AI 生成代码虽然高效，却经常忽略代码质量、可维护性、安全性与性能等长期稳定交付的关键因素。因此，本章将系统阐述如何在 Vibe 编程模式下，引入科学严谨的工程实践与质量管理流程。

本章先介绍高质量提示词工程（prompt engineering）方法，帮助开发者用高效的提示词更准确地指导 AI 工作。随后，从需求规划入手，强调明确、结构化的需求描述如何成为 AI 精准生成代码的基础。此外，本章还会聚焦代码审查与优化流程，帮助开发者识别并修复 AI 生成代码中的各种缺陷与风险。最后，我们会介绍一套轻量级工程化体系，包括版本控制、自动化测试、持续集成与持续交付（continuous integration/continuous delivery，CI/CD）及 AI 驱动文档编写，以确保 Vibe 编程不仅能快速产出代码，更能长期稳定地交付高质量的企业级软件。

通过本章的学习，你将掌握在 AI 驱动开发中保障代码质量、降低维护成本并提升项目稳定性的最佳工程方法，从而真正发挥 Vibe 编程的全部潜力。

5.1 提示词工程技巧

在 Vibe 编程模式下，理论上开发者只需清晰地描述目标和需求，大语言模型即可自动生成相应的代码逻辑和架构，减少烦琐的手工编码，那么后续工作的重心就从具体的编码转换为应用提示词工程。提示词工程是指通过设计和优化向 AI 输入的指令或 "提示"，引导大语言模型产生期望输出的技术。一个精心设计的提示词能够显著提升 AI 理解用户意图的准确性和生成代码的质量。鉴于 Vibe 编程对自然语言交互的依赖，掌握高效的提示词工程技巧，对于充分发挥 AI 在编码过程中的潜力、提高开发效率和代码质量至关重要。本节将深入探讨在 Vibe 编程实践中如何运用提示词工程技巧来高效引导大语言模型工作。

5.1.1 为什么好的提示词很重要

要理解大语言模型的工作方式,关键在于认识到它们并非真正"理解"代码或需求,而是基于海量的训练数据和概率算法进行模式匹配与内容生成。大语言模型的核心机制是序列预测:大语言模型接收输入文本(即提示词),结合已生成的内容,预测下一个最可能的词元[①](token),如此循环直至达到预设长度或遇到结束标记,整体逻辑大致如图 5-1 所示。

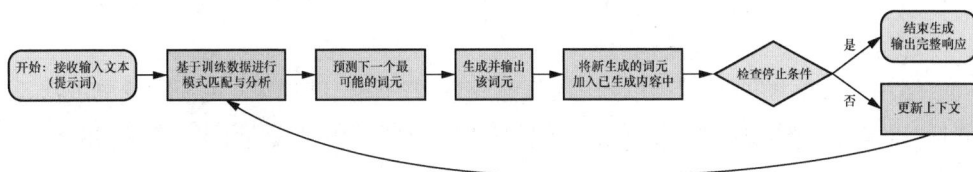

图 5-1 大语言模型执行流程

尽管这种基于序列预测的底层逻辑的有效性已被广泛验证,但大语言模型仍存在固有缺陷,其中最显著的便是缺乏像人类一样的对上下文的理解能力。因此,其输出质量高度依赖于训练数据的质量和多样性。若训练数据存在偏差或覆盖场景缺失,大语言模型便可能生成带有偏见、不准确甚至完全错误的输出。

为弥补这一缺陷,注意力机制(attention mechanism)应运而生,它可以被理解为模型模仿人类阅读时对不同词赋予不同重要性的方式,在处理输入序列时动态聚焦于最相关部分。具体而言,输入序列中的每个词会被转换为 3 个向量:查询(query)、键(key)和值(value),模型通过计算一个词的查询向量与输入序列中所有词的键向量之间的相似度(常通过点积实现)来获得注意力得分,这些得分经过规范化(如通过 Softmax 函数)处理后,用于对值向量进行加权求和,从而为每个词生成一个融入了上下文信息的新表示。

这一机制使模型能够捕捉词间的长距离依赖关系和细微语义关联,例如,在"The cat sat on the mat because it was warm"这个句子中判断出"it"指代的是"the mat"而非"the cat"。正是这种通过动态调整注意力来聚焦关键信息的能力,使大语言模型能够生成语义更连贯、上下文感知更强,也更符合人类表达习惯的文本和代码。

在此基础上,优质的提示词扮演了关键的引导角色。当我们向模型提供一个提示词时,模型会在内部激活与该提示词相关的模式和上下文,并据此按概率生成后

---

① 在自然语言处理领域,token 是文本中的最小语义单元。

续文本。清晰、明确且富有上下文信息的提示词能够帮助模型更有效地运用其注意力机制，将其"查询"导向与期望输出相关的"值"，从而更精准地生成结果。相反，模糊的提示词使模型在概率空间中"猜测"，导致输出偏离预期。

5.1.2 提示词工程的核心原则

在 AI 时代，编写优质提示词已成为一项关键技能。尽管网络上对此多有论述，但针对 Vibe 编程的特定场景，我们可以提炼出以下几项提示词工程的核心原则。

1. 清晰、具体、无歧义

运用简洁明确的语言，清晰阐述任务及期望的输出结果，避免使用模糊或泛泛的指令，以减少模型的猜测空间。例如，将"写一个求和算法"具体为"使用 Python 实现一个函数，该函数能读取 CSV 文件并计算每行数值之和"；或将"创建一个分析仪表板"进一步细化为"创建一个深色主题的分析仪表板，要求包含折线图、筛选器以及导出按钮等尽可能全面的功能与交互元素，使用 HTML+Tailwind CSS 实现，并提供超越基础功能的完整实现方案"。

精准的指令和目标描述，能够显著提升 AI 生成代码的准确性，防止其产出不相关或不满足需求的内容。

2. 结构化提示词

将提示词设计为具有逻辑层次的模块组合，通常包括角色、背景、任务及输出规范等模块。这种结构化方式有助于 AI 更准确地理解上下文，并遵循指定格式进行回应。例如，可以参考 LangGPT 等提示词模板，将提示词划分为角色（role）、简介（profile）、规则（rule）、工作流（workflow）等模块：首先定义 AI 的角色与技能，然后提供必要的背景知识，接着阐述待完成的具体任务，最后明确输出的格式或风格。以下是一个音乐播放 Web 应用的提示词示例：

【角色】
你是一名经验丰富的前端开发助手，擅长设计极简主义、黑暗风格的 UI 组件，熟练掌握 HTML、Tailwind CSS、JavaScript，能快速实现高度可用、风格统一的前端模块

【简介】
我正在开发一个专为夜间使用设计的音乐播放 Web 应用，整体 UI 风格为深色背景+霓虹发光点缀，布局简洁，页面动态效果柔和。目标用户是深夜一边写代码一边听歌的开发者，整体风格参考 Spotify/Apple Music 暗黑模式

【规则】
- 使用 Tailwind CSS 构建 UI

- 不使用 React 或 Vue 等前端框架
- 所有代码需能直接嵌入 HTML 文件运行
- 输出结果按模块分段展示，代码需完整可用
- 除代码外不返回解释或说明文字
- 颜色限于黑、灰、白、蓝、紫，保持风格统一
- 组件需支持响应式设计，兼容桌面与移动端

【工作流】
请为该页面设计并实现一个顶部导航栏（Header），包含以下内容：
1．左侧 LOGO 占位；
2．中部搜索框；
3．右侧播放控制按钮（上一首、播放/暂停、下一首）；
4．整体布局自适应宽度，居中对齐。

请将最终实现输出为完整的 HTML + Tailwind CSS + JS 代码

  这种如同填写规划文档的结构化方法能确保提示词信息的各个要素条理分明，有效降低歧义，从而引导 AI 更准确地把握我们的意图并组织输出。

  3．提供少量示例

  在提示词中嵌入少量高质量示例，能够显著提升 AI 输出的准确性和一致性。少样本学习（few-shot learning）方法通过展示期望的输入-输出配对，引导 AI 模仿示例的风格和格式进行响应，这对于有特定格式或固定风格要求的任务尤其有效。例如，若期望 AI 生成特定风格的代码注释，可先提供一至两个已规范注释的代码片段作为示例；在要求 AI 输出表格或 JSON 数据时，预先给出格式模板，AI 便能更严格地遵循该模板。

  研究证实，精心设计的示例能有效提升 AI 的准确性和输出一致性。因此，当指令难以一次性清晰表达时，提供"模板"让 AI 参照，往往事半功倍。

  4．添加约束条件

  明确指出任务执行中的具体要求或限制：编程语言（如"请使用 Python 3.9"）、库（如"请使用 pandas 库实现此功能，避免使用其他第三方库"）、代码风格、输出长度（如"代码不超过 50 行"）等。这些约束为 AI 设定了清晰的操作边界，使其输出更贴近实际需求，避免生成超出范围或不适用的解决方案。约束同样可以用于格式要求，例如指定"输出的代码必须包含类型注解"或"结果请以 Markdown 格式呈现"。Anthropic 公司为 Claude 模型预设系统提示词要求始终以 Markdown 格式输出代码，便是一个典型的成功案例，确保了代码展示风格的一致性。

  总而言之，为 AI 设定明确的规则与边界等约束条件，能显著增强生成内容的

可控性与可靠性。

    5. 迭代优化与持续积累

将与 AI 的交互视为一个持续迭代的过程，而非期待一次性获得完美结果。当初始输出未达预期时，应通过补充或修正提示词来引导 AI 进行修改与完善。例如，可以采用"请优化以下代码使其更高效"或"请重构上一段函数以提高可读性"之类的追问指令，使开发过程如同团队协作讨论，逐步趋近理想方案。这种对话式的迭代不仅能提升最终代码的质量，也有助于 AI 逐步校准对需求的理解。此外，强烈建议开发者建立并维护一个优质提示词库，收集和沉淀那些在实践中表现优异的提示词，以便在未来高效复用。

5.1.3 提示词优化实例

本节通过一个简单示例，演示如何将一个普通提示词优化为高质量提示词，从而获得更理想的代码输出。假设我们希望 AI 帮我们编写一个阶乘函数，一个普通的提示词如下：

写一个阶乘函数

这个提示词过于简短，未指定编程语言和实现细节。AI 可能会自行猜测实现方式，例如默认给出 Python 代码但缺乏对异常的处理。结果可能类似于：

```
def factorial(n):
    if n == 0 or n == 1:
        return 1
    else:
        return n * factorial(n-1)
```

上述输出虽能计算阶乘，但存在几点问题：一是我们并未要求使用 Python，实现语言不确定；二是缺少对非法输入的处理；三是没有任何注释说明。很明显，这个提示词的信息不充分，导致 AI 只能给出泛泛的答案。

接下来，我们编写一个改进提示词，为 AI 提供更多指导：

角色：你是一名经验丰富的 C 语言工程师
任务：请编写一个名为 factorial 的 **C 语言函数**，用于计算整数的阶乘
要求：
1. 使用递归算法实现；
2. 考虑输入的异常情况，例如若输入负数，函数应返回错误提示；

3．代码需包含适当的注释以解释逻辑；
4．输出代码需遵循 C 语言标准格式，每行不超过 80 个字符

通过这一串精心设计的提示词，我们明确了角色（经验丰富的 C 语言工程师）、语言和函数名（C 语言的 factorial()函数）、具体实现细节（使用递归算法、需要处理负数输入），以及格式规范（注释和每行宽度）。AI 对需求有了更清晰的认知，生成的代码可能如下（节选）：

```c
#include <stdio.h>

/* 计算整数 n 的阶乘。
   如果 n 为负，返回-1 表示错误。*/
int factorial(int n) {
    if (n < 0) {
        // 错误处理:对于负数输入返回错误码
        return -1;
    }
    if (n == 0 || n == 1) {
        return 1;
    }
    // 递归计算 n 的阶乘
    return n * factorial(n - 1);
}
```

可以看到，改进后的提示词让 AI 输出了用 C 语言实现的完整函数，包含递归逻辑、错误处理和清晰的注释，满足了我们提出的各项要求。这个示例体现了前文提及的多项原则：明确指定语言和约束（添加约束条件），添加了实现细节和注释要求（清晰、具体），结构化地列出角色、简介和规则（结构化提示词）。如果有需要，我们甚至可以在提示词中附加输入、输出示例来进一步减少歧义。

5.1.4　实用提示词模板合集

本节总结了一些日常开发中比较实用的提示词，读者可以根据场景直接套用这些模板。

（1）代码速写模式：

我需要快速开发一个 XX，要求：（1）风格极简；（2）全黑背景；（3）按钮有流光特效。请直接输出完整 HTML+CSS+JS 代码

（2）UI 美感强化：

我想要一个带夜间沉浸感的侧边栏，像 macOS 终端那种质感，请设计它并输出 CSS 代码

（3）流动感动画设计：

请写一个带有流动感、节奏感的加载动画，用纯 CSS 实现，风格类似于 neon cyberpunk

延伸阅读

　　neon cyberpunk（霓虹赛博朋克）：一种融合了高科技与反乌托邦美学的未来幻想风格，以霓虹灯、都市夜景、赛博义体和社会边缘人群为核心元素，展现科技高度发达但人性异化的世界。

（4）开发协作模式：

接下来我会不断添加 UI 组件需求，请你作为前端开发助手，保持风格一致性并高效完成任务

（5）暗黑主题设计：

写一个暗黑风格的卡片组件，背景为深蓝灰，文字为柔和白，鼠标指针悬停时添加轻微光晕

（6）Flow 编程模式：

我现在想静静地写代码，进入心流模式，请你只返回代码，不需要注释或解释

5.1.5　为 Cursor 配置提示词

　　大语言模型并不具备记忆能力，会话结束后过往的交互内容就消失了，而 Cursor 通过 Rules 功能提供了持久化、可复用的提示词机制，可以将其视为一种持久化编码上下文、偏好设置或工作流程的解决方案。一个项目可以配置多个规则，而规则一旦被应用，其内容会被始终包含在模型上下文的起始部分，从而为 AI 提供一致的指导，将 AI 从一个泛应用的编程助手转变为高度定制化、深度理解项目需求、具备一定领域知识的"专家系统"。例如，图 5-2 所示的 Cursor Rules 示例中，通过不同规则文档描述在不同编码场景下的规范要求，实现更精细的控制。

　　Cursor 主要提供两种规则类型。

- 用户规则（user rule）：在 Cursor 的设置中定义全局性的用户规则，适用于用户本机的所有项目。缺点是无法提交到 Git 中，无法在团队之间共享。用户规则通常用于设定用户的个人偏好，如编程语言、语气或常用的代码

片段、库引入方式等。用户规则仅支持纯文本格式，不支持.mdc（Markdown components）文件。

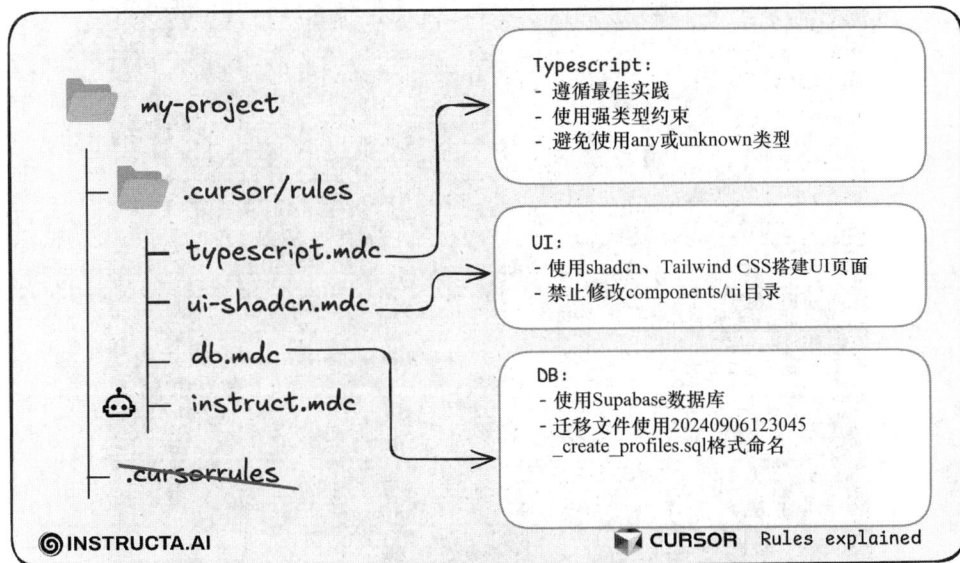

图 5-2　Cursor Rules 示例（图片源自 INSTRUCTA.AI 官网）

- 项目规则（project rule）：项目规则存储在项目根目录下的.cursor/rules 文件夹内，每个规则是一个单独的.mdc 文件，该文件通常会被提交到 Git 系统中，在团队成员之间协作共享。项目规则非常适合用于编码特定领域的知识、标准化项目特有的工作流程或架构决策，以及确保代码风格的一致性。

1. 全局用户提示词

Cursor 允许用户在编辑器设置中添加全局用户提示词，这相当于对每次对话都预先设定一些隐藏的指导。具体做法是在"Cursor Settings"页面中的"Rules"设置项里，填写一段用户提示词作为系统级别的规则（见图 5-3）。

Cursor 官方文档也提到过，编写恰当的系统提示词有助于模型更好地了解自己的职责和用户的偏好，从而提供更精确的回答。例如，"你是一名经验丰富的代码助理，所有输出必须符合公司内部的代码风格指南"相当于为模型定义一个长期的人设和行为准则——"扮演某种角色并遵守某些规则"，你也可以在这里加入团队代码规范、风格指南等说明，确保模型无论在哪个项目中都遵循统一的准则回答问题。

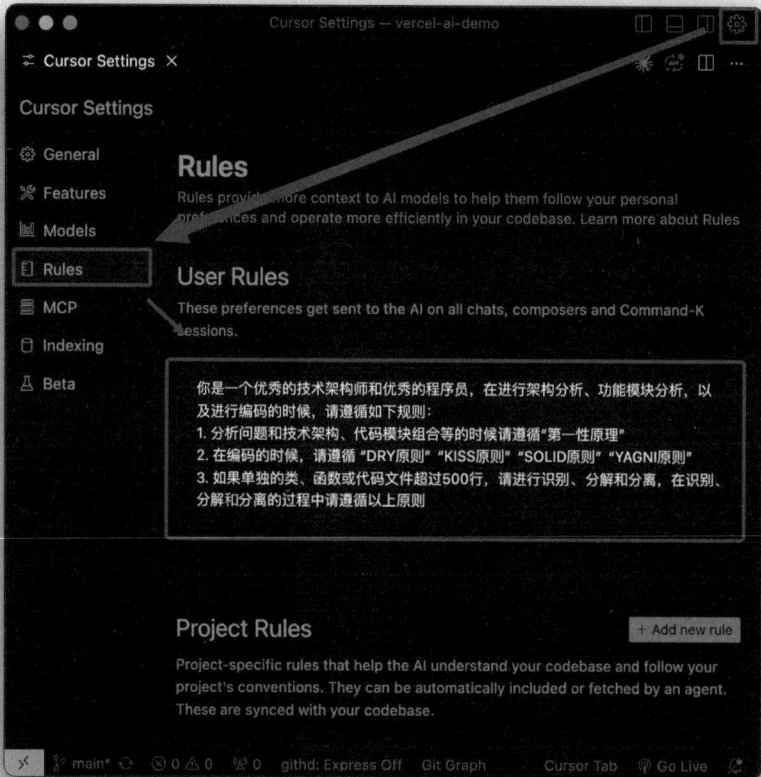

图 5-3　设置全局用户提示词

2. 项目级提示词

项目规则的核心是.mdc 文件。这是一种轻量级文件格式，允许在单个文件中同时包含元数据（metadata）和规则内容。一个典型的.mdc 文件结构如下：

```
---
metadata_field_1: value_1
metadata_field_2: value_2
---

#  以下为规则内容
请使用这个特定的库/模式。
避免使用某些其他做法。
参考以下具体文件以获取上下文：@path/to/important/file.ts
```

元数据是位于文件顶部的 YAML 内容块，由---包裹。元数据定义了项目规则的属性和行为方式，支持 description、globs 和 alwaysApply 这 3 个字段，其作用和示例如表 5-1 所示。

表 5-1　元数据字段的作用和示例

元数据字段	作用	示例
description	提供规则目的的简洁说明，由 AI 依据此描述动态判定特定场景下是否采用该规则	description: "Ensures all React components use functional syntax."
globs	指定一个或多个 glob 模式（字符串数组）用于文件路径匹配。若匹配，则应用该规则	globs: ["src/components/**/*.tsx", "src/hooks/*.ts"]
alwaysApply	布尔值。若为 true，则定义一个 Always 规则，该规则始终被包含在当前项目的模型上下文中	alwaysApply: true

注意，需要谨慎采用 alwaysApply 字段，该字段主要针对那些具有普遍性的项目指令（如"本项目所有后端接口均使用 Python 3.10 和 Django REST Framework"）。滥用 alwaysApply: true 可能导致上下文窗口过早饱和，影响 AI 生成代码的性能。

规则内容紧随元数据之后，是规则的主体部分，通常使用 Markdown 语法格式编写。规则内容可以包含纯文本指令、代码示例，以及通过@filename.ext 语法引用项目中的其他文件作为上下文。

根据上述元数据的不同组合，项目规则可以分为表 5-2 所示的 4 种类型，每种类型对应不同的激活机制和使用场景。

表 5-2　项目规则类型划分

项目规则类型	关键元数据	激活机制	主要使用场景	示例
Always	alwaysApply: true	始终包含在模型上下文中	普适性的项目级指南，如框架或语言的特定规范	"所有 Python 代码遵循 PEP 8 风格指南。"
Auto Attached	globs: ["pattern"], alwaysApply: false（或省略）	当引用的文件与 globs 模式匹配时自动包含	基于文件类型或位置的上下文相关指令，如特定于 React 组件目录的规则	"当处理 src/api/下的文件时，引入 Zod 进行所有数据校验。"

续表

项目规则 类型	关键元数据	激活机制	主要使用场景	示例
Agent Requested	description: "...", alwaysApply: false	AI 根据对话和规 则的 description 决 定是否包含；必须 提供 description	在特定场景下有 用但非总是需要 的规则，允许 AI 动态引入	"重构类组件为函 数式组件的指南。"
Manual	alwaysApply: false（或省略）， 无 globs	仅当在对话中使 用 @ruleName 显 式提及规则时包 含（ruleName 为文 件名）	按需调用特定、不 常用的规则	@generate-express- service-template（用 于生成 Express 服 务模板）

无论规则如何被激活，其核心作用机制是相同的：当一个规则被应用时，它的.mdc 文件中的规则内容部分会被包含在发送给大语言模型的提示词的起始部分，大语言模型会在"阅读"这些规则之后再进行响应，起到一个初始引导效果。

因此，Cursor 规则本质上是一种基于配置文件匹配的提示词工程，开发者无须在每次与 AI 交互时手动输入冗长的指令，而是通过结构化的.mdc 文件将这些指令预设为提示词，在项目级别确保提示词指导内容的一致性。

3. 项目规则实例：为表单构建规则体系

具体怎么编写规则呢？针对具体需求，业界已经有许多成熟的共享方案（如 Cursor 的规则市场 https://cursor.directory/rules），也有直接用 AI 生成规则的自动化方法（如使用 Cursor 的/Generate Cursor Rules 命令），这些方法在本章末尾会展开探讨。本节将通过一个具体例子来讲讲规则的拆解思路。

设想一个场景：我们需要为项目中的"用户设置表单"功能制定一套规则，这个表单涉及多个输入字段，以及数据校验、API 交互（获取和保存设置）和状态管理等功能。那么问题的核心在于，确保 AI 在生成或修改用户设置表单相关代码时遵循项目规范。并且"用户设置表单"功能涉及 React 组件、表单处理库（如 React Hook Form）、数据校验库（如 Zod、Yup）、API 服务、状态管理（如 Zustand、Redux Toolkit）等技术栈，据此我们需要至少拆解出如下规则。

- user-settings-form-structure.mdc（项目规则类型为 Auto Attached）：描述表单代码的编码规则，旨在统一表单的实现方式，特别是表单状态管理和校验逻辑的集成。

```
---
description: "Guidelines for User Settings Form component structure and
React Hook Form usage."
globs: ["src/features/user-settings/**/*Form.tsx"]
alwaysApply: false
---


- 必须使用 React Hook Form 进行表单状态管理和提交
- 表单的校验规则必须使用 Zod（或 Yup）定义，并存入 src/features/user-settings/schemas/
  目录中
- 组件应包含明确的加载和错误状态处理
- 提交按钮在表单无效或正在提交时应被禁用

示例：如何使用 useForm 钩子，如何注册输入，如何处理提交和错误
...
```

- user-settings-api.mdc（项目规则类型为 Agent Requested）：规范 API 交互
  的模式，包括数据获取库的使用、自定义钩子的封装以及 API 服务文件
  的组织。

```
---
description: "Rules for interacting with the user settings API endpoints,
including data fetching and mutation hooks."
alwaysApply: false
---


- 获取用户设置应使用 useQuery 包装的自定义钩子 useUserSettings()
- 保存用户设置应使用 useMutation 包装的自定义钩子 useUpdateUserSettings()
- 这两个钩子应在 src/features/user-settings/hooks/api.ts 中定义
- API 服务函数（如 fetchUserSettings() 和 saveUserSettings()）应在 src/services/
  userSettingsApi.ts 中
- 详细说明 API 的请求/响应结构，引用 @/docs/api/user-settings.md
```

- zod-validation-patterns.mdc（项目规则类型为 Always）：全局规则，旨在声
  明 Zod 在项目中的最佳实践，确保校验逻辑的一致性和可维护性。

```
---
description: "Project-wide Zod validation schema best practices."
alwaysApply: true
---


- 所有 Zod schema 必须导出其推断的 TypeScript 类型（例如，export type UserSettings-
  Schema = z.infer<typeof userSettingsSchema>;）
```

- 常用校验规则示例（email, password strength, min/max length）
- 如何组织复杂的嵌套 schema 等

- form-accessibility.mdc（项目规则类型为 Auto Attached）：满足 A11y（Accessibility 的缩写）需求，让网站或应用对所有人可访问、可使用，尤其是对残障人士友好：

```
---
description: "Ensures accessibility best practices for all forms."
globs: ["**/*Form.tsx"]
alwaysApply: false
---

- 所有表单输入必须有关联的<label>
- 校验错误信息必须通过 aria-describedby 或类似机制与输入字段关联
- 确保表单可以通过键盘完全导航和操作
```

这几类规则文件最终会呈现出图 5-4 所示的开发规则。

图 5-4　用户设置表单开发规则

那么，基于这些规则，当 AI 被要求创建或修改用户设置表单时，将按如下逻辑加载并应用项目规则。

（1）zod-validation-patterns.mdc（Always）始终提供 Zod 的通用最佳实践。

（2）如果操作的文件路径匹配 src/features/user-settings/**/*Form.tsx，则 user-settings-form-structure.mdc（Auto Attached）会自动激活，指导表单的整体结构、React Hook Form 的使用及与 Zod 校验的集成点。同时，form-accessibility.mdc（Auto Attached）也会因为文件名匹配**/*Form.tsx 而激活，确保表单元素符合可访问性标准。

（3）当对话内容涉及从后端加载或向后端保存用户设置数据时，AI 可能会根据其 description 激活 user-settings-api.mdc（Agent Requested），从而获得关于如何实现 API 调用、封装数据获取钩子及处理 API 数据的具体指导。

通过这种方式，这些分解的、各司其职的规则形成了一个有机的整体，它们在不同的层面和时机介入，共同引导 AI 生成一个结构合理、功能完善、数据校验严格、API 交互规范且易于访问的用户设置表单功能。这种模块化的规则设计不仅能提高提示词的精确性，也增强了规则集的可维护性和可扩展性。

4. 使用/Generate Cursor Rules 命令自动生成规则

Cursor 规则虽然很有用，但编写起来很麻烦，好在开发者不必总是从零开始构建规则，社区已经涌现出一些优秀的 Cursor 规则资源库，它们提供了大量预置的、针对不同技术栈和场景的规则文件，可以作为灵感来源或直接采用。

- Awesome CursorRules：这是一个广受欢迎的精选列表，收集了各种.cursorrules（主要是.mdc 格式）文件，涵盖前端框架、后端技术、移动开发、CSS 样式、状态管理等多个方面。
- Cursor Discovery：也是一个 Cursor 规则资源库，内容比 Awesome CursorRules 更全。

除此之外，更推荐开发者直接使用 Cursor 的/Generate Cursor Rules 命令来生成具体的规则内容，如图 5-5 所示。

图 5-5　自动生成 React 编码规范

这个命令很灵活，你可以直接输入目标（见图 5-5）；也可以基于会话中的交互内容总结出新的编码规范，如图 5-6 所示。

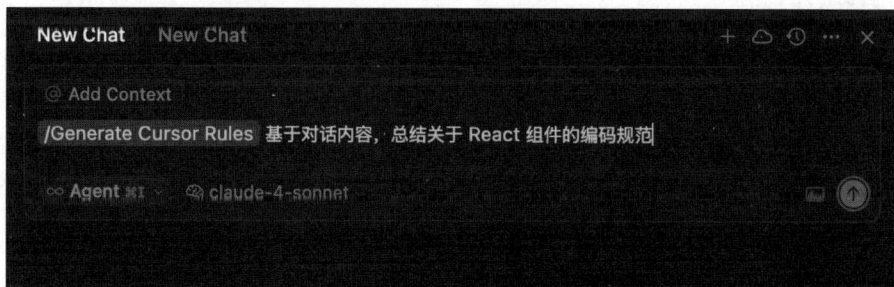

图 5-6　根据上下文总结编码规范

这个功能极大地简化了规则的创建过程，尤其适用于那些在实际开发中逐渐形成的、约定俗成的编码模式或项目规范。它使 AI 能够辅助其自身治理规则的定义，形成元数据级别的 AI 辅助。

5.2 需求规划

Vibe 编程这一术语容易让人有一种过程轻松、几乎不费吹灰之力的错觉。实际上，尽管 Vibe 暗示了一种自由流畅、结构化程度较低的开发方式，甚至可能削弱了对严谨的前期需求规划工作的重视，但大语言模型高效运作的前提是清晰、明确且富含上下文的输入。因此，执行阶段（AI 编写代码）的"轻松感"往往是以前期在精确定义构建内容方面付出大量（尽管形式不同）努力为基础的。因此，要达到理想的 Vibe 状态，需要更稳健的前期需求规划：Vibe 编程并非摒弃结构，而是调整和强化需求规划，以适配与 AI 的协作。

5.2.1 需求分析

在软件工程学科中，有许多软件开发生命周期模型（如敏捷开发模型、瀑布模型等），尽管它们在具体执行上千差万别，但它们都有同一起点——需求分析。这其实也很容易理解：在没有梳理清楚目标与需求之前，所有的编码都像沙漠上盖高塔，徒劳无功。需求分析的作用包括：

- 决定软件项目的正确方向——目标不明确，越努力越容易南辕北辙；
- 提高协作效率——使开发者、设计师、产品经理等角色在统一目标下协作，减少返工；
- 防止范围蔓延（scope creep）——明确边界是抵抗不合理需求扩展的"防火墙"；
- 作为衡量成果的唯一标尺：清晰的需求定义决定了最终项目是否"成功"。

这一原则在 Vibe 编程方法论中同样适用。Vibe 编程强调的是"沉浸式、高效、有感知"的开发体验，而这种体验的前提，正是清晰、明确的项目方向，如果大语言模型在没有得到适当引导的情况下运行，很可能会臆造信息，或生成功能正确但与整体项目目标或约束不符的代码。在首行代码出现之前，必须明确：要解决什么问题，为谁解决，不解决什么问题。需求分析过程如图 5-7 所示。

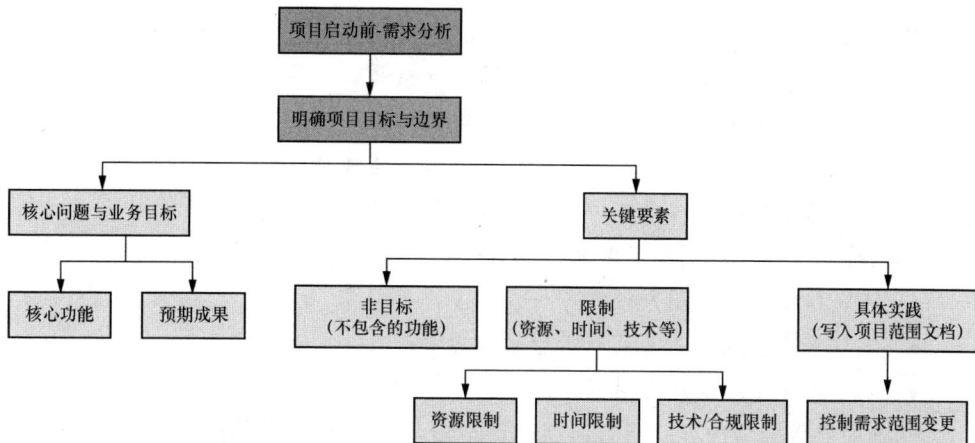

图 5-7　需求分析过程

在需求分析阶段，需要与利益相关者（stakeholder）深入沟通，挖掘项目真正要解决的问题，明确项目需要解决的核心问题和预期的业务目标，具体包括如下两项内容。

- 核心功能：项目必须完成的工作。它是项目存在的基础，是为解决特定问题而设计的解决方案。
- 预期成果：衡量项目达成目标的标准。预期成果可以是具体的业务指标（如转化率提升 X%、投诉减少 Y%），也可以是战略性成果（如提升品牌形象、进入新市场）。

除此之外，从软件工程学术视角来看，我们还需要进一步梳理出其他关键要素，例如明确不做的内容（非目标）和已存在的约束或限制（限制），与明确要做什么同样重要。这有助于团队将精力集中在核心目标上，防止范围蔓延。

- 非目标：项目明确不包含的功能或需求。例如，一个专注于移动应用的项目明确不包含 Web 版本或桌面版本。
- 限制：项目在资源、时间、技术、合规性等方面受到的约束。例如，必须在特定预算内完成，必须在某个日期前交付，必须使用特定的技术栈，或必须遵守特定的数据隐私法规。
- 具体实践：在项目范围文档（scope document）中明确列出非目标和限制，并在整个项目生命周期内严格遵守。当出现新的需求时，应对照非目标列表进行判断，防止范围蔓延。

例如，在一个电商项目中，在正式开始编码之前我们至少需要梳理出核心功能与关键的非功能性需求，如：

核心功能：

- 商品浏览与搜索（关键词搜索、商品分类筛选、品牌筛选等）；
- 下单与支付（发放优惠券、积分、促销活动等机制）；
- 用户账户系统（注册、登录、订单管理、退换货流程等）；
- 售后服务系统（客服、评价系统、问题反馈通道等）。

非目标（当前版本明确不做的内容）：

- 不支持海外市场用户；
- 不包含商家入驻及多商户后台管理功能；
- 不支持线下门店库存对接。

明确项目目标与边界是所有成功项目的起点。无论是传统的软件工程流程，还是更具灵活性的 Vibe 编程方法论，都强调在编码之前必须梳理清楚"做什么、为谁做、不做什么"。这种前期的系统性思考能帮助团队对齐共识、控制范围、规避风险，使项目不再迷失在杂乱无章的需求中，坚定地朝着既定方向稳步前行。写代码之前，先写清楚方向，这就是最佳实践的起点。

5.2.2 编写产品需求文档

模糊的输入只会导致模糊的输出，一个明确、严谨的需求输入往往能带来更精准的代码输出、更高质量的结果呈现，并降低开发过程中的反复沟通成本。因此，需求规划阶段的目标就是梳理出完整的产品需求文档（product requirement document，PRD），清晰定义原型或待解决的问题、应包含的功能及目标用户等。不过，与传统方式相比，Vibe 编程对模糊需求的容忍度更高，需求说明可以做得更轻量一些：核心功能优先，具体细节可在后续迭代中逐步完善。二者的具体差异如表 5-3 所示。

表 5-3 传统需求规划与 Vibe 编程需求规划的差异

特征维度	传统需求规划	Vibe 编程需求规划
核心焦点	详尽的前期设计，最小化后期变更	清晰的目标定义与迭代方向，拥抱变化
规划粒度	细致入微的规格文档，覆盖所有已知场景	核心功能与用户故事优先，细节在迭代中完善
产出物	重量级文档，如软件需求规约（software requirements specification，SRS）	轻量级文档（如产品需求文档、用户故事列表），更多以 AI 可理解的提示词形式存在
迭代速度	较慢，瀑布式或阶段性迭代	极快，持续集成与交付，快速响应反馈

续表

特征维度	传统需求规划	Vibe 编程需求规划
工具与技术	CASE 工具、建模语言（如 UML）	大语言模型辅助工具、自然语言处理、提示词工程、版本控制系统（用于追踪提示词和代码）
人类角色	需求分析师、架构师、设计师和开发者作为主要创作者	需求定义者、AI 引导者、代码审查者和系统整合者，更侧重于指导和验证 AI 的输出
对模糊性的容忍	低，力求消除所有模糊性	初始阶段可接受一定模糊性，通过与 AI 互动逐步澄清需求
变更成本	较高，尤其在后期	相对较低，AI 可快速重新生成或修改代码

在实际项目中，建议团队成员养成结构化表达需求的习惯，无论是编写开发任务、提交 issue，还是与 AI 协作，使用的提示词工程都应围绕"背景-目标-方式-限制"这一核心框架展开。尤其在多人协作和持续交付的流程中，这一标准化写作方式将极大提高项目的连贯性和可维护性。拆解一个需求，可从以下 4 个维度进行。

（1）需求背景：需求背景用于说明为什么要开发此功能，即该功能要解决什么实际问题或满足哪些业务/用户需求。背景描述应当简洁明了，突出动机和价值。这不仅能帮助团队理解立项原因，也有助于 AI 快速把握开发初衷。例如，对于一个"README 自动生成系统"功能，其需求背景可以这样表述：

```
# README 自动生成系统

本功能旨在对指定包的源码进行静态分析，提取其核心功能与用法，并借助 Vercel AI SDK 调用大语言模型，生成结构清晰、内容友好的 README 文档，以提升开源项目的可理解性与用户体验
```

（2）功能说明：详细描述该功能的行为和预期效果，包括系统如何运行、涉及的输入输出及相关的用户界面要素等。可以结合用户故事格式（如"作为一个注册用户，我希望……"）提升可读性和用户导向：

```
提供 generate 命令，用于全量扫描存量代码后生成 README 文档，该命令支持如下参数：

- --project：需要生成 README 的模块，使用@arch/monorepo-kits 接口获取项目描述后，通过 project.projectFolder 字段获取包的义件目录地址，分析代码；
- --locale：需要生成的 README 语言，支持 en（英文）、zh（中文），默认为 zh；
- --file：输出的文件名，默认为 README.md，该文件最终被保存到 project.projectFolder 目录下
```

（3）工具与技术栈：说明实现该功能所依赖的技术框架、工具链及既定的技术约束或推荐方案：

- 参考 https://github.com/jehna/readme-best-practices 文档，生成内容优质的 README
- 使用 Vercel AI SDK 调用大语言模型，相关接口已在 .cursor/api/vercel-ai-sdk.mdc 文档中描述
- 使用 TypeScript 编写代码
- 使用 commander 包实现命令行交互，可适当增加命令行工具，如 ora
- 使用 @coze-arch/rush-logger 包做日志输出；
- 使用 @coze-arch/monorepo-kits 包分析 monorepo 项目依赖，相关接口见 infra/utils/monorepo-kits/docs/llms.txt
- 不得使用 ts-node
- 不需要编写单元测试，聚焦功能开发即可
- 不安装依赖，把依赖写入 package.json，由用户自行安装
- 优先使用 FP 编码风格

（4）（可选）核心算法：如果该需求涉及关键算法或复杂逻辑，建议单独说明这一部分，便于技术实现和协作沟通，内容可包含算法描述与设计思路、输入/输出定义、性能预期与边界情况说明等，必要时也可以使用 Mermaid 绘图描述复杂流程结构。不过这部分一般情况下可由 AI 完成：

1. 项目启动后，根据 --project 参数分析需要生成 README 的项目路径
2. 分析项目中的源码，使用 git ls-files 命令扫描出源码（因为代码中可能包含 node_ modules 等无关内容，所以需要做一次过滤）
3. 遍历源码，逐份发送给大语言模型，模型总结该文件的功能与实现原理，并缓存成 map 对象
4. 遍历完成后，综合大语言模型生成的所有文件的摘要，再次调用大语言模型合并分析出该包的功能、作用、特性等，最后汇总成 README

通过以上 4 个维度的规范化描述，开发者不仅能够更高效地与团队沟通，也为 AI Agent 的参与创造了良好的协作基础——清晰的需求定义不仅是技术实现的起点，更是人与 AI 高效率协作的保障。

注意，编写产品需求文档应结合实际情况灵活处理。例如，若某个功能不涉及复杂逻辑，可适当简化算法描述；若技术栈已定型，也可简略工具说明部分。但无论精简与否，"清晰性"始终是最基本的原则。

此外，Vibe 编程并不等于"把一切都交给 AI"，而是在明确、扎实的需求表达基础上，借助 AI 的生成能力、理解能力与推理能力，提升人类开发者的创造力与生产效率。需求写得好，AI 才能帮得好。

5.2.3 选择 AI 友好的技术栈

5.2.1 节提到需要为 AI 设定一系列技术栈与技术约束，这是非常必要的步骤。技术栈是构建软件产品所使用的技术、框架、库和工具的集合。技术栈的选择会影响开发效率和产品性能。在选择技术栈时，需要考虑其与现有系统的兼容性和对 AI Agent 的支持。

假如一开始未指定使用的技术栈，AI 可能天马行空做出一些不恰当或不合时宜的决策，引入技术债务（technical debt），使得系统可能在不久的未来开始变得难以维护。例如，AI 可能会选择用原生的 HTML+CSS+JS 技术栈构建 Web 应用，脱离现代前端工程体系（如 Webpack、React 等），这会使代码难以阅读且难以扩展维护，虽然可能在当下能获得满足需求的结果，但未来却注定步履蹒跚。

因此，在技术选型层面，应该坚持做好人工筛选，选择尽可能满足团队技能需求、具备扩展性且 AI 友好的技术栈组合。其中，比较难的是找到 AI 友好的技术栈组合，目前社区对此讨论并不多，不过可以根据大语言模型的特性初步归纳出一些参考指标。以前端为例，Tailwind CSS 优于原生 CSS、Less 等，TypeScript 优于 JavaScript、CoffeeScript 等，React 或 Vue 等模型-视图-视图模型（model-view-viewmodel，MVVM）框架优于原生 JS+HTML+CSS，GraphQL 优于 RESTful API 等。

为什么技术栈之间会出现这种 AI 友好性的差异呢？关键原因在于，大语言模型底层是基于概率推导实现内容生成的，结果的好坏取决于模型质量、训练语料、上下文完整度、提示词等诸多因素，单就辅助编程这一场景而言，大语言模型对技术栈的理解越充分，结果越好；代码结构越聚焦，推导时信息噪声越低，结果也会越好；业务实现中的特化场景越少，通用规则越多，大语言模型需要理解的内容越少，结果通常也会越好，等等。

基于这些因素，本节总结了几类简单规则，可用于辅助评估某种技术栈是否更适用于 Vibe 编程场景。

- 社区热度：社区越活跃，使用者越多，相关的技术讨论和技术资料也越丰富，大语言模型训练或执行时所能索引的信息就越完整，那么也就越容易生成较好的结果。例如，假设你在工作中遇到了一个非常具体而棘手的问题，若刚好有人也遇到过该问题，并将其形成的底层原因和解决方案整理成文章发布到网上，若大语言模型运行时能检索到该文章，则可以基于文章内容给出最终解决方案；若网上没有这类信息，考虑到大语言模型并不具备复杂逻辑推理能力，那么大概率无法给出有效的解决方案。

- 结构化：技术栈本身的结构化、模块化水平越强，其信息表现形式越聚焦，越容易被大语言模型理解，从而生成代码。原子化 CSS（如 Tailwind CSS）就是一个很好的例子。原生 CSS 通过具体的属性的键值对表达页面元素的视觉效果，而原子化 CSS 通过原子类名表达某类样式规则集，信息更聚焦，更容易被 AI 理解；并且受层叠规则影响，使用原生 CSS 时，元素样式可能受全局、祖先级元素、多种选择器等层级的样式规则影响，对大语言模型而言，这意味着具体信息分散在项目的多个角落，需要消费、理解更多上下文才能推导出正确的结果，而在原子化 CSS 框架下，大部分样式信息都聚焦在元素对应的 Class 列表上，信息高度聚焦，推理成本更低，结果也会更可靠。

- 通用规则优于特化设计：技术栈的设计规范越通用，越容易被大语言模型理解，也就越适用于 Vibe 编程场景。例如，GraphQL 明显优于 RESTful，因为 GraphQL 提供了一套用于描述实体+实体关联关系的通用语言规则，足以表达绝大多数数据存、取、删、改等常规业务操作，因而大语言模型只需理解这套通用语言规则，配合具体业务领域中的实体与实体关系，即可基于 GraphQL 灵活编写各类数据操作逻辑；而 RESTful 规范则更多聚焦在实体上，除几种基础的数据操作外，涉及复杂数据结构场景时，从实用性、性能等角度考虑，通常不得不特化设计、特化开发，而这些特化处理对大语言模型而言会显得过于具体，相应的上下文复杂度与噪声也会更高，也就更难以推导出正确的答案。

- 自动化质检：技术栈的质检工具越强大，能够越早、越全面地发现质量问题，进而更能抵消大语言模型随机性带来的质量风险，也就更适用 Vibe 编程场景。例如，相较于 JavaScript，TypeScript 具有更强的类型声明系统，在静态代码分析阶段即可找出诸多类型不匹配问题，那么即使大语言模型生成了类型不匹配的代码，Cursor 内置的 linter 工具也能在运行代码之前迅速发现问题所在，纠错成本要低很多。

当然，随着大语言模型的迭代发展，具体规则必然还会新增或删改。这并不重要，重要的是读者在做技术选型时，应该更多考虑技术栈对 AI 的适用性，甚至以此为首要原则，尽可能选用 AI 友好的技术与工具，使大语言模型能更好、更准确地辅助完成各类开发任务，充分融入日常工作中，提升个体与团队的整体效率。下面推荐几款目前业界比较流行的技术栈组合，读者可按需选用。

- Web 前端开发：React（或 Vue）+TypeScript+Tailwind CSS，优点是结构清

晰、代码统一，AI 易理解。

- 移动端应用开发：React Native（或 Flutter）+TypeScript（或 Dart），优点是跨平台开发，结构化易于 AI 生成。
- 后端服务开发：Node.js（或 Python）+TypeScript（或 Python）+GraphQL，优点是规则通用，易于 AI 推导与纠错。
- 数据分析与可视化：Python（pandas）+ECharts（或 Plotly）+Jupyter Notebook，优点是数据结构清晰，AI 辅助分析和展示更容易。
- AI Agent 和自动化：Python+LangChain（或 AutoGPT）+OpenAI（或 Hugging Face）API，优点是专为 AI 设计，集成扩展容易，AI 理解友好。
- 数据存储选型：Supabase、PostgreSQL 或 MongoDB，优点是数据结构清晰，社区支持丰富，便于 AI 操作与理解。

5.2.4 使用 AI 生成需求文档

上述内容看上去很复杂，在 AI 时代不是很合时宜，更高效的策略是让 AI 来编写需求文档，我们先看一个例子：

帮我写一个：《魔法粒子互动墙》的需求文档，要求包含如下内容
1.简介：简要说明项目背景和目标，即"你要做什么"；
2.功能描述：列出系统将提供的功能和界面（站在用户角度描述外部可见的行为）；
3.约束：明确技术栈、性能要求、编码规范等约束条件

使用 GPT-4o 会返回如下结果：

《魔法粒子互动墙》需求文档

1. 简介

项目背景：随着多媒体展示技术的发展，交互式视觉体验成为科技展厅、数字艺术展、教育场景中的重要元素。《魔法粒子互动墙》旨在通过 Web 技术实现一个富有视觉冲击力且具备互动性的粒子动画墙，为用户提供沉浸式的互动体验。

项目目标：打造一个运行在 Web 端的互动视觉系统，用户可通过鼠标或触控操作与屏幕中的粒子动态产生互动效果，实现如指尖拖动粒子、粒子跟随、聚合分散等魔法般的效果。

---

2. 功能描述

以下是《魔法粒子互动墙》提供的核心功能，按用户视角描述：

- **默认粒子流动动画**
  - 系统初始时自动播放平滑的粒子流动效果，呈现科技感的动态背景。

- **用户交互效果**
  - 用户鼠标指针或触控点靠近粒子时，粒子产生躲避或吸附行为。
  - 拖动交互可引发粒子轨迹变化，模拟"魔法拖动"的视觉效果。
  - 粒子随交互生成文字、图形或波纹等动态变化。

- **多种主题切换**
  - 提供多套粒子视觉风格（如星空、电流、墨迹、萤火等），支持用户切换。

- **性能自适应机制**
  - 系统根据当前设备性能动态调整粒子数量与渲染细节，确保流畅运行。

- **全屏/嵌入两种模式**
  - 可切换为全屏沉浸式展示，也可嵌入页面作为动态背景。

---

3. 约束

技术栈约束

- **前端框架**：使用 HTML5 + CSS3 + JavaScript，主要使用 Canvas 或 WebGL 实现粒子渲染。
- **交互库**：可选用 GSAP、three.js 或 pixi.js 实现更丰富的动画控制。
- **框架要求**：优先原生实现，如需框架，建议使用 React。

性能要求

- 在中高端设备（i5/8G RAM 及以上）上以 60FPS 平稳运行。
- 在移动端自动调整粒子数量，保证最少 30FPS。
- 页面加载时间不超过 3 秒。

编码规范

- 遵循 ESLint 标准规范，使用 Prettier 格式化代码。
- 使用模块化结构组织项目，具备良好可维护性。
- 所有图形、粒子动画需响应式布局，兼容常见分辨率。

备注：后续可扩展功能包括手势识别、声音交互、用户行为记录等。

粗略地看，上述需求文档已经比较完整地描述了《魔法粒子互动墙》的需求内容，有比较完善的背景与目标，有具体的功能描述，也有技术栈约束、性能要求和编码规范各方面的内容，理论上可用于真实项目，让 AI 据此生成代码。

但实际上，这只是一个 Demo，例如，在"项目背景"部分，虽然描述了详细的内容，却没有说明目标用户及价值。在"功能描述"部分，看似已经比较完整地描述了项目所提供的功能，但离实际预期还有不小的距离，未定义页面初始图案、图案颜色及动态配置方式等。

实际上，意图用一句话让 AI 生成完整且符合需求的内容，并不现实。幸运的是，我们可以在此基础上人工迭代，例如在上述案例中，可以补充更详尽的项目背景描述，说清楚需要面向的用户，以及为他们解决了什么问题等，需求文档的其他部分同理。这种方式要比从零开始撰写更高效。但是，重点还是在于，即使在 AI 时代，很多"笨功夫"还是要下的。

5.3　代码审查与优化

Vibe 编程的核心理念是让开发者通过自然语言提示词与大语言模型互动，由 AI Agent 快速生成初步的代码，虽然这能极大地提高编码效率，使开发者可以将更多精力放在需求构思和问题定义上，然而 Vibe 编程并不那么严谨，这种更多依赖直觉的编程方式，内在地偏离了严谨的工程实践，AI 生成的代码在风格、结构和健壮性方面参差不齐，如果不加以严格审查和优化，必然积累技术债务和质量隐患。

5.3.1　AI 的局限

AI 通常针对当前任务或提示词进行优化（即局部优化），但缺乏对更广泛的架构背景或长期影响（即全局上下文）的理解。它并不理解软件系统细节，只是基于统计模式生成代码，而不考虑系统架构、内部约定或现有功能，这就导致尽管 AI 编程工具在语法和语义上表现出色，但在上下文智能方面表现不佳。

经过训练的大语言模型可以根据提示词和直接上下文生成看似合理的代码，但模型并没有"思考"整体设计、维护性和模块间的交互。大语言模型擅长在有限的窗口内进行模式匹配和词元预测，但缺乏对整个系统进行推理的能力，因此，生成的代码可能在隔离环境中运行正常，但在系统层面集成时会引发失败、性能瓶颈、架构冲突和违反编码规范等问题。这类架构和系统性问题依然需要人类监督。

大语言模型的训练语料多而杂，通常包含海量的公开代码，其中不乏过时实践、安全漏洞、偏见或低质量示例。大语言模型是强大的模式匹配引擎，如果其训练数据存在缺陷，AI 将会学习并复现这些缺陷。这意味着，如果缺乏仔细的引导和审查，AI 生成的代码反而更容易携带这类问题，这对企业而言是一个重大风险，可能导致安全漏洞、歧视性结果或性能不佳。

5.3.2 常见质量缺陷

基于上述局限，AI 常常生产出带有明显质量缺陷的代码片段，大致上可总结为如下类型。

（1）面条式代码。

面条式代码（spaghetti code）指的是混乱、职责交织、难以理解与维护的代码，例如：

```javascript
<canvas id="cv"></canvas>
<script>
// ---- 全局可变状态&魔数 ----
var data   = [];                        // 没有任何封装
var colors = ['#f66', '#6f6', '#66f'];  // "魔法常量"
var cvs    = document.getElementById('cv');
var ctx    = cvs.getContext('2d');
cvs.width  = 800;
cvs.height = 400;

// ---- 主流程：所有逻辑挤在一处 ----
function loop () {
  // (1) 远程拉取数据
  var xhr = new XMLHttpRequest();
  xhr.open('GET', '/api/values?ts=' + Date.now());
  xhr.onreadystatechange = function () {
    if (xhr.readyState === 4) {
      if (xhr.status === 200) {
        // (2) 数据预处理
        var raw = JSON.parse(xhr.responseText);
        for (var i = 0; i < raw.length; i++) {
          data.push(+raw[i]);            // 隐式类型转换
          if (data.length > 30) data.shift();
```

```
    }

    // (3) 冒泡排序（O(n²)），嵌套两个循环
    for (var i = 0; i < data.length; i++) {
      for (var j = 0; j < data.length; j++) {
        if (data[i] > data[j]) {
          var t = data[i]; data[i] = data[j]; data[j] = t;
        }
      }
    }

    // (4) 绘制柱状图
    ctx.clearRect(0, 0, cvs.width, cvs.height);
    for (var k = 0; k < data.length; k++) {
      ctx.fillStyle = colors[k % colors.length];
      ctx.fillRect(k * 25, cvs.height - data[k] * 3, 20, data[k] * 3);

      // 插入"彩蛋式"分支
      if (data[k] > 80) {
        ctx.strokeStyle = '#000';
        ctx.strokeRect(k * 25, cvs.height - data[k] * 3, 20, data[k] * 3);
      }
    }

    // (5) 递归调用（定时长短靠随机数决定）
    setTimeout(loop, Math.random() > 0.7 ? 500 : 300);
  } else {
    console.log('server error');
    setTimeout(loop, 1000);        // 重试逻辑也堆在一起
  }
  }
  };
  xhr.send();
}
loop();   // 启动
</script>
```

在上述代码中，loop()函数同时承担远程拉取数据、数据预处理、冒泡排序、绘制柱状图与递归调用的职责，没有任何职责划分；data、ctx 等可变状态暴露在全局作用域中，任意语句都能修改它们，导致逻辑与数据紧紧缠在一起；控制流更是像打结的面条——xhr 的异步回调、冒泡排序双重循环、随机定时的 setTimeout 递

归相互套叠，使执行路径弯弯绕绕、难以追踪；散落各处的魔法数字（如 25、3、30）和副作用（ctx.fillRect、console.log 等）又让任何轻微改动都可能牵动整体流程。上述代码缺乏抽象、模块化和可重用性的结构，如果维护者要想定位一个 bug 或者修改一个功能，必须从头到尾梳理这团乱麻。这种复杂、纠缠、难以理解且难以维护的形态，正是"面条式代码"得名的原因。

AI 倾向于生成面条式代码，源于其局部模式匹配而缺乏全局理解的本质。它可能会找到一个似乎能解决局部问题的代码片段并将其插入，但不理解它如何适应整体结构，从而导致依赖关系混乱和控制流纠缠——就像试图在一碗意大利面中追踪一根面条一样。因此，AI 生成的代码通常需要花费大量时间进行审查，有时讨论会变得毫无结果，因为某个特定的实现并非深思熟虑的选择，它只是恰好那样生成出来，而用户接受了建议。

（2）技术债务积累。

技术债务是指现在选择简单但有限的解决方案（常称为"临时方案"），而非采用需要更长时间、更高成本但结果更优的长期方案，由此产生的未来返工的隐性成本。这类似于在建造房屋时走了捷径（如使用廉价但易漏的管道），初期看似更快，但日后却需要昂贵的维修成本。

AI 会加速技术债务的积累，因为它优先考虑快速生成，常生成冗余或重复的代码，缺乏对可维护性的长远考虑。AI 还没学会长期规划，这种初期快速交付的代价可能会在后期部署、运营和迭代中逐步显现。

（3）代码重复、代码流失与代码脆弱性。

软件工程智能平台 GitClear 研究发现，在使用 AI 辅助编程工具的情况下，重复代码块增加了 8 倍。代码重复，顾名思义，是指在程序中的多个地方出现相同或相似的代码片段，例如一个电商应用需要在用户注册、修改个人资料、后台管理等多个地方验证用户输入的电子邮箱地址格式，AI 可能在每个地方都单独生成"邮箱地址格式校验"逻辑，这就导致了代码重复。

究其原因，AI 在生成代码时，可能因为缺乏对整个项目已有功能的全面了解，或者为了快速响应一个具体的提示词，而重新生成一段逻辑代码，而非重用项目中已有的可以完成类似任务的、可复用的代码块。例如，如果开发者多次向 AI 请求在不同模块中验证用户输入，AI 可能每次都生成新的、略有差异的验证代码，而不是提示开发者使用或创建一个通用的验证函数。代码重复是软件工程的大敌，它会导致以下结果。

● 维护成本增加：当验证规则（如允许新的顶级域名）需要更新时，开发者必须找到并同步修改所有重复的验证代码，遗漏任何一处都可能导致系统行为不一致。

- 缺陷风险增高：如果原始代码中存在一个隐藏的错误，那么这个错误就会在所有副本中存在。在进行修复时，如果未能修复所有副本，缺陷会依然存在于系统的某些部分。

- 代码臃肿：不必要的代码重复使整个软件系统变得更大、更难理解和管理。

- 理解困难：当其他开发者阅读代码时，他们可能会困惑为什么同样的功能有多个略微不同的实现，增加了理解的难度。

代码流失指的是代码在被写入后很短时间内就被大量修改、替换或删除的现象，这就像一个建筑团队匆忙搭建了一个脚手架，但很快发现它不稳固或位置不对，不得不立即拆除重搭。高流失率通常表明初始编写的代码质量不高，或者对需求的理解有偏差。

如果 AI 生成的代码质量低下、难以集成、不符合实际需求，或者包含难以修复的错误，开发者可能很快就需要将其重写或废弃。AI 优先考虑快速生成，有时其输出可能只是一个"看起来能工作"的草稿，一旦面临真实场景的复杂性和集成挑战，就可能需要大量修改，代码流失的速率急剧升高，这同样会引发许多工程问题。

- 浪费开发资源：编写和审查很快就被丢弃的代码是对开发者时间和精力的浪费。

- 项目进度延误：频繁的重写和修改会打乱开发计划，导致项目延期。

- 质量信号不佳：高代码流失率往往是底层代码质量问题或需求不明确的体现，是项目健康状况不佳的危险信号。

- 团队士气受挫：如果开发者（或 AI 辅助下）的工作成果经常被否定和重做，可能会打击团队成员的积极性。

代码脆弱性指的是软件系统中的一部分代码在进行修改时，很容易导致系统中其他看似不相关的部分出现故障或意外行为。这就像一个精密但脆弱的玻璃雕塑，轻轻触碰一个点，可能会导致整个结构多处裂开或崩塌。

AI 在生成代码时，由于缺乏对整个系统架构和模块间复杂依赖关系的全面理解，可能会创建出隐藏的、不稳定的连接或依赖。它可能为了解决局部问题而修改了共享组件，或者引入了与系统其他部分不兼容的模式，导致系统整体稳定性下降。谷歌 2024 年的 DORA 报告指出，使用 AI 导致交付稳定性下降了 7.2%，这间接印证了潜在的脆弱性增加，而脆弱性又会进一步引发以下问题。

- 不可预知的连锁反应：小的改动可能引发系统中大范围的、难以预料的故障，使调试变得极为困难。
- 维护成本激增：开发者需要花费大量时间去理解和修复这些连锁反应，而无法专注于新功能的开发。
- 测试难度加大：很难确保测试覆盖了所有可能因微小改动而受影响的部分。
- 系统可靠性降低：频繁的意外故障会严重影响用户体验和对系统的信任。

代码重复、流失与脆弱性这 3 个问题往往不是孤立存在的，它们之间紧密联系，并共同影响软件的质量和维护。例如，AI 生成的重复代码（重复）如果质量低下或存在缺陷，就更容易在后续被大量修改或废弃（流失），当一个有缺陷的重复代码块需要修复时，如果未能同步更新所有副本，就会导致系统行为不一致，使得对一部分代码的修改可能意外影响到使用了副本的其他功能（脆弱性）。这种由 AI 加速的恶性循环，最终会导致一个难以维护、充满隐患且演进缓慢的软件系统。

（4）安全盲点与合规差距。

如果 AI 在不安全的示例上进行训练，或者提示词未明确说明安全要求，AI 可能会生成带有已知漏洞的代码。AI 本身并不理解法律或行业特定的合规规则（如医疗数据规则或金融交易的规则），因此其输出可能不符合这些关键要求。斯坦福大学的研究表明，AI 编程工具会生成不安全的代码。AI 还可能会在不了解特定合规要求的情况下建议加密操作库。

安全性和合规性高度依赖具体上下文，并需要理解特定法规和威胁模型，而这通常是 AI 缺乏的能力。在没有专家审查的情况下，依赖 AI 编写关键代码会带来重大安全风险。

（5）性能陷阱与难以发现的缺陷。

AI 的目标通常是生成一套能够匹配提示词并可用的代码，而不一定是性能最优的代码。性能优化通常需要对算法、数据结构和系统架构有更深入的理解。AI 可能会选择一个简单且常见的算法，虽然能用，但在处理大量数据时会非常缓慢；或者可能生成包含不必要步骤的代码，消耗更多服务器资源并降低应用的速度；还可能忽略异常情况（边缘案例），导致程序崩溃或执行意外行为产生开发人员难以发现和修复的隐蔽错误。

5.3.3 低劣代码可能导致项目失败

软件发展史已经无数次证明，难以维护的产品很快会被市场淘汰。而 AI 生成的不准确的代码可能在关键应用中产生错误信息、降低市场信任度，进而带来业务后果：开发和维护成本增加、项目延期、安全漏洞频出、声誉受损、客户流失，甚至项目失败，浪费投资并错失市场机会。

因此，代码质量问题并不只是开发者面临的抽象难题，更会直接转为商业风险和经济损失，管理者必须清醒地认识到这种联系。

- 当 AI 生成的代码质量低下时，修复和维护它需要更长的时间，从而增加了劳动力成本。事实上，业界已经有共识，未来可能需要投入 70% 的时间调试 AI 生成的 30% 代码。
- 安全漏洞可能导致代价高昂的数据泄露赔偿和监管罚款；
- 性能问题可能导致用户流失，而系统缺陷则会损害公司声誉。

预防或解决这些问题，业界目前比较认可的方式是回归理性的"人工监督"。

5.3.4　AI 时代的代码审查指南

为有效应对 AI 生成代码的独特挑战并确保其最终质量，代码审查应系统性覆盖以下七大重点方向。

1. 可读性

"可读性"指的是代码能否清晰地传达其设计意图，被他人（包括未来的自己）轻松读懂。高可读性的代码不是简单追求美观，而是为了降低沟通成本和出错率，正如软件工程大师马丁·福勒（Martin Fowler）所说："任何傻瓜都能写出计算机可以理解的代码，但只有优秀的程序员才能写出人类容易理解的代码。"

可读性强的代码往往更易于调试和维护，开发者能迅速理解代码逻辑，使 bug 排查或新功能添加更高效、更安全。另外，可读性也关系到信任度，如果代码难以理解和测试，那么开发者对其正确性的信任就会降低。因此，可读性好坏直接影响团队协作效率和软件的可靠性。

AI 生成的代码常出现以下可读性问题。

- 变量命名模糊：AI 有时会使用含义不清或过于通用的变量名（如 x、temp 等），而非语义化名称。这种模糊命名会使他人难以理解变量代表的含义。优秀的代码应使用具体且有意义的名称，如用 employeeName 而非 fn 来表示员工姓名。
- 代码结构复杂：AI 生成的代码可能为了完成任务而堆砌复杂的逻辑结构，如嵌套过深的循环、条件语句或超长的函数等。圈复杂度高会让代码流程难以追踪，阅读和调试也变得困难。

- 风格不统一：由于训练数据多样，AI 生成代码的风格可能前后不一致，如缩进、括号位置、命名风格等不统一。这种风格混乱会让人难以建立预期，增加理解难度和出错概率。

- 滥用晦涩技巧：有时 AI 会采用过于巧妙或 "偏门" 的实现手法（如大量使用嵌套三元运算符、位运算、极简链式调用等），试图以极少的代码完成功能。这种 "聪明" 的代码往往以牺牲可读性为代价——代码变得晦涩难懂，诚然计算机能快速解析，但人类阅读起来很吃力。相比之下，稍显冗长但直白的实现更有利于后期维护。

举例来说，对于数据过滤合并功能的实现，编写以下代码：

```
// 原始版本：可读性差（短小、晦涩）
function extractDataFromResponse(response) {
  const [Component, props] = response;
  const resultsEntries = Object.entries({ Component, props });
  //数据过滤合并
  const assignIfValueTruthy = (o, [k, v]) => (v ? { ...o, [k]: v } : o);
  return resultsEntries.reduce(assignIfValueTruthy, {});
}
```

上述代码用函数式编程风格完成了数据过滤合并，虽然代码行数少，但意图不直观，阅读者需要费力推敲才能搞清楚它做了什么。改进版本如下：

```
// 改进版本：可读性更强（直观、清晰）
function extractDataFromResponse(response) {
  const [Component, props] = response;
  const output = {};
  if (Component) {
    output.Component = Component;
  }
  if (props) {
    output.props = props;
  }
  return output;
}
```

改进版本通过显式条件判断明确地表达了逻辑。尽管代码行数稍多，但每一步的操作清晰明了，阅读者不需要额外思考就能理解代码意图。这种以可读性优先的写法大大降低了理解和维护难度。原先短小、晦涩的实现被替换为直观、清晰的实现后，代码审查员（code reviewer）和后续维护者都能更轻松地阅读和修改这段代码。

业界有许多成熟的编码规范专注于提升代码可读性和一致性，例如 PEP 8（Python 风格指南）和 Google Java Style Guide（Google 的 Java 编码规范）。这些规范涵盖了从命名到格式的诸多细节要求，旨在让代码更加统一、易读、易维护。我们简单总结一些编码规范要点。

- 命名：使用清晰、见名知意的命名，不要用单字母或缩写。例如，使用 customer_id 而非单纯的 x 或模糊简称。这适用于变量名、函数名和类名。好的命名让代码自带文档效果。
- 缩进和代码布局：坚持统一的缩进和代码布局习惯。不同语言有不同约定，例如 PEP8 要求使用 4 个空格缩进、禁止混用 Tab 和空格。良好的缩进能体现代码的层次结构，使嵌套逻辑一目了然。团队应约定统一的格式，使所有代码看起来风格一致。
- 行长限制：避免超长代码行造成阅读困难。大多数规范建议代码行不要太长，一般限制在 80~100 个字符。合理分行可以让代码在屏幕上完整展示，方便查看和审查，还能促使开发者编写更简洁的表达式。
- 函数长度：提倡将函数设计得短小且聚焦。每个函数只完成一项任务，代码尽量控制在几十行以内。过长的函数应考虑拆分，因为长函数往往意味着承担了过多职责，不利于理解和重用。遵循"一个函数只做一件事"的原则可以提高代码的清晰度和可维护性。

上述要点只是规范中的一部分，此外还有注释要恰当（既不过度也不缺失）、一致的编码风格（大小写规则、括号换行习惯等）等。这些主流编码规范为开发者提供了可参考的指南，其核心宗旨都是提升代码可读性和一致性，从而降低沟通和维护成本。

总之，在审查 AI 生成的代码时应关注可读性规范，确保 AI 始终产出高质量、易于演进的代码，让团队对代码更有信心，软件生命周期也更加健康。

2. 可维护性

代码可维护性通常指软件代码在后续阶段中易于理解、修改和扩展的程度，一段具备高可维护性的代码不仅能让后来者轻松看懂其内在逻辑，并且在需要时可以快速地修复缺陷或添加新功能，而不引入额外问题。这一点对于软件的长期成功至关重要，因为软件的大部分成本并不在于最初的开发工作，而在于其整个生命周期内持续的维护和升级。可维护性是软件在整个生命周期内保持活力的关键。

不少行业报告指出，AI 生成的代码总体质量和可维护性在下降，这是因为 AI 往往只追求对当前问题的解答，忽视了人类程序员遵循的很多长期设计原则。AI 生成的代码经常出现如下问题。

- 整体式结构：AI 往往倾向于把功能堆砌在一个庞大的代码块或单一文件中，缺乏清晰的模块边界。这样的"巨石式"代码就像所有零件牢牢焊死在一起的机器，对其中一个功能的修改都有可能引入意想不到的连锁故障，甚至让原本无关的功能出现漏洞。当应用越来越庞大时，每次更新都"像在拆炸弹"——稍有不慎就引发连锁问题。
- 紧耦合：指代码各模块之间依赖过深，缺乏独立性。AI 生成的代码常出现模块相互直接调用内部细节、共享全局状态等情况，导致"牵一发而动全身"。在这种紧耦合系统中，一个模块的改动往往需要同步修改多个地方，否则就会破坏其他部分功能。例如，有时候 AI 生成的业务逻辑代码把数据存取细节硬编码在一起，结果是数据库结构稍变，业务逻辑部分也要大改。紧耦合还意味着代码无法局部复用或替换：一个功能如果和另一功能耦合在一起，就很难在别的项目中单独复用，甚至连单独测试或调试都困难。这种紧耦合设计无疑提高了修改出错的概率和影响范围。
- 低内聚：指模块内部承担了太多不相关的职责，缺乏单一目的。AI 生成代码有时会让一个函数或类做很多不相干的事情，造成"功能杂糅"。低内聚的直接后果是代码难以理解和维护：一个模块经常因为不同原因被修改，说明它并没有很好地专注于一种职责。举例来说，如果一个"订单处理"函数里既包含日志打印又包含 UI 更新，那么修改日志策略或界面布局时都要改动这个函数，这就是典型的低内聚。在这种情况下，维护人员往往难以预测改动会影响模块内哪部分逻辑，修改一个需求却可能无意中干扰另一个需求，实现上的不确定性和风险大大增加。

针对上述问题，软件工程提出了模块化、低耦合、高内聚三大设计原则，帮助我们编写更易维护的代码。

- 模块化：可以把模块化理解为搭积木或者拼乐高。每个模块就像一块独立的积木，拥有明确的形状和接口。这些"积木"之间通过标准的接口拼接在一起，但平时彼此独立，可以自由拆卸、组合、升级。好的模块化意味着如果我们需要替换或改进某一功能模块，就像替换一块乐高积木，只需将它取下并换上新的，而不必拆散整个作品。
- 低耦合：模块的低耦合就像家用电器各司其职、互不干扰。例如，冰箱、洗衣机、空调都是独立运作的电器，一个出现问题并不会导致另一个电器"瘫痪"。对代码而言，低耦合意味着模块通过清晰的接口通信，内部实现彼此不暴露。这样，在修改某个模块时，其他模块无须改动，甚至感知不到变化（就像更换冰箱不会影响洗衣机运行一样）。

- 高内聚：可以理解为模块分工明确、各尽其责。高内聚的模块好比一家公司里的专业部门：财务部门只管财务、人事部门专办人事管理工作，每个部门职责单一且紧密围绕自己的任务，不相干的事务不会混在一个部门里处理。这保证了每个模块内部元素都朝着同一目标努力，模块内部协作紧密但关注点单一。对于代码，高内聚要求一个模块尽量只做好一件事，这样理解和维护都更简单。如果一个类或函数名为"报告生成"，那么它应当只负责生成报告（单一功能），而不应该进行文件上传或窗口绘制。这种单一职责让模块内部高度相关，修改某项功能时只需定位到对应模块，大大降低了意外影响其他功能的风险。

模块化提供了拆分系统的方式，低耦合保证了各模块独立更换和演进的自由，高内聚确保每个模块内部井井有条、目的明确。三者结合，软件就如同用标准化零件搭建而成，各部分既明确分工，又能通过契合的接口组装成一个整体。当系统符合这些原则时，我们就能更加自信地对某一部分进行调整，而不用担心"牵一发而动全身"。反过来说，如果我们在 AI 生成的代码里看不到这些"积木式"的设计，就要提高警惕了。

3. 文档与注释

良好的文档和代码注释能够提升代码可读性、方便团队协作，加快后续维护，并帮助代码审查员理解代码的目的和设计思路。对于复杂的业务逻辑，注释不仅告诉你"做了什么"，更解释"为什么这样做"。通过在代码中记录关键的设计决策和意图，文档与注释为阅读代码的人提供了背景信息，避免他们陷入只看到步骤却不明所以的困境。

文档与注释不仅对人类有用，对大语言模型同样有效，现行的大语言模型都有多模态代码理解功能，可以同时处理来自不同信息源的数据，以更接近人类程序员的理解方式建模代码语义，文档与注释和代码之间的映射关系也是不可或缺的一环，甚至注释的权重在某些场景下比对应代码的权重更高。

但是，当下 AI 编程工具往往无法自动生成有意义的文档和注释。AI 生成的代码常常缺少注释，或者只有表面化的注释，例如，在 if total < 50:前加上一行注释"验证总数是否小于 50"——这种注释只是机械地复述代码逻辑，并未提供任何额

外信息。更严重的是，AI 生成的代码很少解释"为什么这样做"。即使采用了非常规或复杂的方法，生成的代码通常也没有附带原因说明，只给出结果，却不记录编程时的思考过程。不过，改善这个问题还是有迹可循的，在 Vibe 编程场景下审查 AI 生成的代码时可重点关注如下维度。

- 复杂片段是否有解释？对于复杂算法或晦涩难懂的代码段，是否提供了相应的注释或文档来说明其作用？良好的注释可以帮助不同技术背景的团队成员迅速理解代码背后的逻辑和决策。如果一段代码实现了非常规的技巧或算法，审查员应该检查是否有注释解释其思路，若无解释，应要求补充，否则后续阅读者很可能看不明白这段代码。

- 能否看出代码"为什么这样做"？文档与注释应当能让审查员看出开发者的意图。例如，某函数采用了一种特殊实现方案，那么注释应解释这么做的原因或好处。在审查时，要寻找代码中的"设计注释"——这些注释体现了开发者在面对问题时的思考过程。如果代码表面能运行但目的不清，说明文档不足，需要审查员指出并要求补充。

- 关键提示词和人工修改是否记录？审查 AI 生成的代码时，要留意开发者是否记录了对 AI 生成的代码进行的关键调整。例如，如果 AI 生成的代码经过人工修正（修复了一个隐蔽 bug 或优化了性能），那么这些修改点最好在代码注释或提交说明中标注，方便后来者了解哪些部分是出于特定原因而改动的。如果缺少这样的记录，审查员应提出疑问，确保代码中的特殊处理都有据可查。

重点在于，AI 通常不会解释设计抉择，需要由人来补充代码中的"为什么这样做"而不仅是"做了什么"，只有为 AI 生成的代码添加背景说明和原因注释，才能让后续阅读者理解这些代码的用意。为了确保代码易于理解与维护，以下是业界普遍认可的文档与注释最佳实践。

- 为函数编写 Docstring（文档字符串）：主流规范要求所有对外公开的模块、函数、类和方法都应提供 Docstring。好的 Docstring 一般包括功能概述（一句话描述用途）、必要时更详细的说明、参数和返回值解释，以及可能的用例等。Docstring 使代码的意图将更加清晰，方便任何人在日后查看函数时快速理解其用途，例如：

```
/**
 * 判断一个正整数是否为 2 的幂
 *
```

```
 *  ### 背景与原理
 *  二进制表示中，2 的幂只有一位为 1（如 1 → 1，2 → 10，4 → 100）
 *  对于此类数：
 *  ```
 *  n & (n - 1) === 0
 *  ```
 *  因为 n - 1 会把唯一的 1 置为 0，并将其右侧所有位变为 1，
 *  与运算结果为 0。
 *
 *  @param n - 需要判断的正整数
 *  @returns 若 n 为 2 的幂，返回 true；否则返回 false
 *  @throws TypeError 当 n 不是安全的正整数时抛出
 *  @example
 *  ```ts
 *  isPowerOfTwo(8);  // => true
 *  isPowerOfTwo(7);  // => false
 *  ```
 */
export function isPowerOfTwo(n: number): boolean {
  if (!Number.isSafeInteger(n) || n <= 0) {
    throw new TypeError('n 必须是正整数');
  }
  return (n & (n - 1)) === 0;
}
```

- 撰写完善的 README 文档：在项目层面，README 文档应包含项目的基本信息，帮助新人快速了解和使用项目。一般来说，一个完善的 README 至少包括项目简介（项目的目的和功能概述）、环境依赖、安装步骤、基本用法或示例代码。此外，根据项目性质，还应包括用例或截图、开发者的联系方式、常见问题解答，以及贡献指南、许可协议等。

- 注释原则是"解释为什么，而不是描述做什么"：代码注释应服务于解释代码背后的原因和意图，而不是简单翻译代码表面的操作。正如前文所述，对于复杂算法、重要的业务规则或非常规实现，注释应该说明这样实现的理由、算法的原理及设计方案的考量。反之，对于那些一眼就能看懂的简单代码，不需要画蛇添足地写注释解释"做了什么"，以免注释流于空泛。例如，不要写"i = i + 1 //i 加 1"这类自解释型的注释；而应该关注代码意图，例如"// 使用 i 加 1 来遍历数组索引，因为……（原因）"。总的来说，判断是否需要注释的标准是：读者能否通过代码字面轻易理解意图？如果不能，就应该辅以注释说明"动机和原因"。

- 保持文档与注释的及时更新：文档与注释应与代码同步演进。每当代码发生修改或逻辑调整，相应的注释也要及时更新，避免出现误导性的过时注释。过时或错误的注释比没有注释危害更大，因为它会让审查员和维护者产生错误的理解。因此在代码审查中，应检查注释是否准确反映了当前代码行为。推荐的做法是在代码审查流程中，将检查文档与注释作为一项必要内容，以确保它们始终真实可靠。

- 删除弃用或无用的代码，避免大段注释：代码仓库中不应长期存在被注释掉的"死"代码。如果某段代码不再需要，应当直接删除，而不是用注释将其保留。现代版本控制系统已经可以追踪代码历史，在需要时总能恢复旧版本。把无用代码留在代码仓库中，只会增加阅读负担，让审查员困惑为什么这些代码被注释掉。大段注释掉的代码往往不会再启用，应删除，如果有再启用的打算，应该通过注释明确标注原因和期限。

综上所述，在代码审查中，审查员应将文档完善、注释得当视为合格代码的重要指标之一。清晰的文档和解释性的注释不仅能帮助他人理解复杂逻辑，还能传达代码背后的思路和目的。反之，文档缺失或注释敷衍，将会大大增加他人理解代码的成本，埋下维护隐患。在 AI 日益参与编程的时代，我们更需要谨慎对待代码中的文档工作——发挥人类在"说明为何"方面的优势，为 AI 生成的代码补足注释与文档。只有这样，代码审查才能真正发挥价值，确保代码不仅"能运行"，而且"易理解、可演进"。

4. 日志策略

默认情况下，软件系统启动运行后就相当于进入一个黑盒状态，使用专业调试工具在特殊场景下才能窥探其内部状态，但如果问题出现在客户端或缺乏调试工具的环境中时，一旦缺少严谨、充分的日志信息，就无法追溯问题所在。解题的关键就在于为软件系统提供完善的日志体系。

日志是指在程序执行期间记录关键事件和数据，这些记录有助于调试和回溯问题——当程序发生异常时，开发者可以通过日志迅速定位问题。日志还可以记录详尽的性能数据（如响应时间和资源占用情况），帮助团队优化系统效率。此外，日志能用于安全审计和合规追踪，通过记录关键操作和历史变更，支持安全分析和满足监管要求。简而言之，日志为系统运行状态提供了可见性，能帮助开发团队更好地追踪并改进应用。

但是，由于 AI 缺乏人类对业务逻辑的直觉判断，它无法识别哪些节点最关键，因此通常未能妥善处理系统日志；有时 AI 在代码中加入过多日志，产生大量无关信息，导致重要信息淹没在噪声中；而有时又日志不足，没有记录关键步骤，导致难以排查问题。更严重的是，如果日志策略不当，AI 生成的代码可能将用户隐私或机密数据写入日志，带来安全隐患。

因此，针对 AI 生成的代码模块，建议严格审查其日志输出内容，在保证为关键节点添加足够详尽的日志记录的同时，仔细审查是否出现日志泛滥或敏感信息泄露的问题，具体可重点关注如下方面。

- 关键数据：记录接口传入参数、中间变量及关键配置项（模式、特性开关等）。
- 业务分支：在 if/else 等分支处输出日志，注明执行路径（如用户余额不足则拒绝交易）。
- 外部接口：记录外部服务的请求和返回结果（敏感信息需脱敏）。
- 异常处理：捕获异常时记录错误信息和堆栈，业务异常也应有日志。

另外，为了更有针对性地利用日志，应将日志划分为不同类型，各自关注不同方面的数据，并遵循相应的最佳实践。

- 性能日志：用于监控系统性能指标，记录代码执行时间、请求延迟、内存占用、CPU 使用率，以及缓存命中率等信息，以评估系统效率，例如 {"latency_ms": 123, "endpoint": "/recommend"}。性能日志可以帮助开发者发现性能瓶颈并进行优化。
- 用户行为日志：捕获用户关键操作和行为路径，用于产品优化和业务分析，例如记录用户点击、搜索、转换等事件，包含用户 ID、动作类型、目标对象等字段（{"user_id": "abc123", "action": "click", "item_id": "xyz"}）。这类日志相当于用户行为轨迹，记录用户每次交互产生的数据（访问、浏览、搜索、点击等），通过分析用户行为日志，可以改善产品体验、验证功能效果，并发现异常使用模式。
- 错误日志：关注系统错误和异常情况，详细记录错误码、错误信息、堆栈跟踪及采取的降级措施等（如{"error_code": "E502", "message": "timeout", "action": "fallback_used"}），用于故障排查和提高系统健壮性。

采用上述分类，有助于对不同日志采取不同存储和分析策略。例如，性能日志可送入监控系统实时报警，用户行为日志可汇总做数据分析，而错误日志可用于支持团队排障。

5. 错误处理

错误处理是指代码在遇到意外情况、错误或无效输入时如何响应并处理这些问题，处理得当可保证软件在各类边界输入下依然正常运行——不崩溃，也不产生错误结果；但处理不当可能导致程序崩溃或意料之外的系统副作用。换言之，错误处理直接影响应用的可靠性和用户体验，也决定了系统在异常情况下能否平稳运行。

假设代码需要将用户输入转换为数字并进行计算：

```
# 未进行错误处理的代码
result = 10 / int(user_input)
print("计算结果:", result)
# 如果 user_input 非数字或为 0，抛出异常并崩溃
```

上述代码在遇到不合理输入时会直接报错并停止。加入适当的错误处理的代码如下：

```
# 加入错误处理的代码
try:
    result = 10 / int(user_input)
    print("计算结果:", result)
except (ValueError, ZeroDivisionError) as e:
    # 捕获转换错误或除零错误
    print("出现错误: ", e, "。已使用默认结果 0。")
    result = 0   # 使用默认值作为降级措施
```

在改进的代码中，我们使用 try...except 块捕获了可能发生的异常：如果输入不是数字或为零，引发的错误将被捕获。程序不会崩溃，而是打印一条错误说明，然后使用默认值继续运行。这样既防止了异常中断程序，又让用户和开发者清楚地知道发生了什么错误及系统采取了怎样的应对措施。

在 Vibe 编程场景下，AI 能够根据开发者描述快速生成代码，但在边界处理方面往往出现两种极端。

- 错误处理缺失：代码缺少必要的检查和异常捕获。一旦发生错误（如文件未找到、网络请求失败或非法输入），程序就会因为未处理的异常而终止。在这种情况下，用户可能看到程序突然崩溃或停止响应。举例来说，如果代码直接对用户输入执行计算却不验证有效性，输入的非法值可能导致整个应用崩溃。缺失错误处理严重威胁系统稳定性，让软件在任何意外情况下都不堪一击。

- 错误处理过度：指代码里充斥了过多的异常捕获，甚至对几乎不可能发生的情况都进行了处理，乍一看充满 try...catch 或 try...except 的代码似乎很健壮，但过度的错误处理可能导致静默失败现象，即程序出现问题却未表现

出任何异常，既不抛出异常也不警告提示，而是带着默认值或空结果继续运行。虽然在这种处理方案下程序不会崩溃，但实际功能已受损而用户和开发者却未察觉，给调试和维护带来极大困难。

因此，在对 AI 生成的代码进行代码审查时，应该重点关注错误处理是否恰当，可重点关注如下内容。

- 异常输入检查：观察代码对输入的合法性是否进行验证。例如，读取文件前是否检查文件存在，执行计算前是否判断除数为零等。如果代码直接使用输入而没有条件判断或异常捕获，那么当输入不符合预期时系统是否会崩溃或无响应？如果看不到这些检查逻辑，说明错误处理可能缺失，一旦收到意外数据，程序就可能异常终止。

- 失败后的备用方案：查看当某个 AI 模块调用失败或返回异常结果时，代码有没有备用方案（fallback）。良好的代码会在主要操作失败时执行备选路径，如重试请求、使用默认值或切换到降级功能，而不是直接让程序中断。如果代码中找不到这种备用方案，一旦出错，整个系统功能可能就无法使用。

- 错误信息的清晰度：检查代码在捕获异常时如何处理错误信息。错误提示是否对用户友好、对开发者有用？理想情况下，程序遇到问题时会给出清晰的提示，如"网络连接失败，请稍后重试"，同时在日志中记录详细的异常信息供开发者调试。如果代码中异常处理只是空的 catch 块或者仅输出 Error 这样的模糊信息，是不恰当的。过于简单或被吞掉的错误信息会让用户不知道发生了什么，也让开发者难以定位问题。

综上所述，错误处理决定了 AI 生成代码在现实环境中的健壮性。没有错误处理会使程序遇到异常时崩溃，而过度或不当的错误处理则可能掩盖问题，让故障静默发生。对追求效率的 Vibe 编程而言，更要警惕代码的这一薄弱环节。在实践中，应当通过认真的代码审查和测试来确保 AI 生成的代码既能妥善处理各种异常情况，又不会隐藏错误信息。只有这样，才能让系统在各种情况下都保持稳定可靠，为最终用户提供良好的体验。

6. 安全性

代码安全性指代码抵御恶意攻击和漏洞利用的能力，即确保应用不会因为代码缺陷而让攻击者得逞或导致敏感数据泄露。有研究表明，没有特别强调安全性的 AI 生成代码，40%～90%会出现安全漏洞（数据来自 Backslash 报告），常见的安全误区有以下几种。

- 重用不安全的代码模式：AI 是通过大量现有代码训练的，它可能会无意中重用训练数据中的不安全编码模式。换言之，如果公共代码仓库里广泛存在带有漏洞 [如缺乏防范的 SQL 注入（通过特殊输入欺骗数据库查询执行非法操作）或跨站脚本攻击（cross site script attack，XSS 攻击，恶意脚本注入浏览器执行）] 的实现，AI 生成的代码就可能重复这些不安全的编码模式。举例来说，AI 可能直接按照训练样本拼接 SQL 查询字符串，而没有意识到这样会引入 SQL 注入漏洞。同样地，AI 生成的网页代码可能直接将用户输入插入 HTML 脚本，导致 XSS 攻击的风险。

- 使用过时或高风险的依赖库：AI 有时会建议使用过时的或存在已知漏洞的第三方库，这是因为 AI 的训练语料中包含大量历史代码和旧版本实践，生成的代码就可能引入已被社区认定不安全的函数、算法或库版本。例如，AI 可能推荐一个旧版本的加密函数库，而该版本已存在安全缺陷。使用这些过时的依赖会增加安全风险，因为攻击者可以利用旧版本中已知的漏洞。

- 硬编码敏感信息：许多 AI 生成的代码示例会直接在代码中硬编码敏感信息，如数据库密码、API 密钥等，这种做法非常危险，因为硬编码的机密容易被他人查看或泄露，过往已经多次发生开发者无意将含有密码或令牌的代码上传至公共仓库的事件。根据 GitGuardian 近期的一份报告，2024 年在 GitHub 上意外暴露的各类密钥多达近 2400 万条，而使用 AI 辅助编程工具的代码仓库机密泄露率超过 40%（数据来自 infisical 报告）。可见 AI 生成的代码往往不会主动考虑保护机密信息，应该改用环境变量或安全配置来存放这些数据。

- 缺乏输入验证：由于过于专注实现功能，AI 生成的代码常常缺少对输入的必要验证和边界检查，也就是说，代码可能直接信任用户提供的数据，而没有检查格式、长度或合法性。这会导致各种安全问题——攻击者可以利用未检验的输入进行 SQL 注入或 XSS 攻击，或者通过异常值让程序崩溃（如传入极端大的数字或特殊字符导致错误）。安全的代码应对用户输入进行严格检查和清理，而 AI 给出的初始代码往往需要补充这些防御措施。

在对 AI 生成的代码进行代码审查时，可以参考以下安全检查清单来发现潜在问题。

- 用户输入是否被直接拼接进 SQL 查询？
- 使用的第三方库是否是最新版本且无已知安全漏洞？
- 代码中是否硬编码了密码、API 密钥等机密信息？

- 对于外部输入，是否进行了必要的验证和边界检查？

在享受 AI 带来的开发效率提升的同时，我们必须对代码安全保持警惕。了解代码安全性的基本原则，识别 AI 生成代码常见的安全问题，并在审查时有针对性地检查、修正代码，可以将 AI 带来的安全风险降至最低，只有这样，才能既享受快速开发的 vibe（氛围），又保障应用的安全可靠。

7. 性能

"代码性能"指程序运行的效率，这是一个非常庞杂的概念，包括运行速度（代码运行所需时间）、资源消耗（CPU、内存等使用量），以及可伸缩性（负载增加时是否还能稳定运行）等维度，高性能代码意味着应用运行流畅、资源利用高效，并且能随着需求增长而平稳扩展。毫不夸张地说，性能直接关系到软件项目成败。

- 用户体验：软件性能直接影响用户满意度，运行速度慢或卡顿的应用会让用户感到沮丧，导致用户不满甚至用户流失。例如，网页加载延迟几百毫秒，用户就可能选择离开，电商网站的转化率也因此显著下降。顺畅的体验是产品竞争力的重要组成部分，性能优化往往能提升用户留存率和口碑。

- 系统稳定性：性能不佳的代码在高负载下更容易发生故障。当系统无法应对激增的用户或数据时，可能出现响应超时甚至崩溃。例如，服务器在高并发场景下因算法低效而出现 CPU 负载过高的现象，此时将无法及时响应请求，进而引发连锁故障。性能瓶颈还会拖累整体系统，使其他组件表现异常。相反，良好的性能和可扩展性可以确保应用在负载高峰时期依然稳定运行，不影响业务连续性。

- 运营成本：低效代码往往意味着需要更多硬件和更高的维护成本。如果一段代码要消耗双倍资源才能完成任务，那么企业可能被迫投入更多服务器和内存来支撑。另外，性能问题引发的故障需要工程师紧急排查修复，这增加了人力和时间成本。对云服务架构而言，糟糕的性能会直接反映在更高的云资源账单上。因此，优化代码性能不仅能提升用户满意度，也是在节省真金白银。

问题在于，AI 虽然能快速产出代码，但往往优先关注实现功能的正确性，而非性能最佳实践。已经有许多研究发现，AI 生成的代码存在性能退化的问题（数据来自论文 "Assessing the Performance of AI-Generated Code: A Case Study on GitHub Copilot"）。AI 生成的代码常常出现如下性能隐患。

- 低效算法：AI 生成的代码可能采用次优的算法，导致不必要的高复杂度，例如用双重甚至多重嵌套循环处理本可线性解决的问题，使时间复杂度上

升到 $O(n^2)$ 或更高。一个实际例子是在处理矩阵或列表去重时使用嵌套循环，比利用哈希表/集合等数据结构要低效得多。

- 冗余计算：AI 生成的代码经常出现重复计算或重复调用的情况，有时会在循环内部反复计算相同的值，或多次调用耗时的函数而不作缓存。例如，每次迭代都重新计算数组长度、反复查询数据库或文件 I/O，导致性能浪费。还有些代码会在循环中反复创建临时对象或数据结构，每次迭代都重新分配内存，增加垃圾回收压力。

- 资源管理不善：AI 生成的代码可能忽视资源的有效管理，包括未及时释放不再使用的内存或连接、在客户端频繁执行重度运算，或者没有利用编程语言提供的高效特性等。例如，不使用流式处理一次性读取大量数据，或手动实现已有高效库函数的功能。这些做法会导致内存泄露、CPU 飙升等问题，使系统性能和稳定性下降。

这些问题都很隐蔽，AI 生成的代码往往会调用一些看似无害的操作，却因为频率太高或方式笨拙而产生性能瓶颈，因此我们需要充分理解它生成的内容，审查其正确性，并避免在对性能敏感的场景下盲目使用。具体来说，审查员应当有意识地检查以下几方面的性能问题。

- 审视算法与复杂度：关注代码使用的算法是否高效。检查是否存在不必要的嵌套循环或指数级复杂度的实现。如果看到三重循环、频繁排序或深度递归，要评估其必要性。审查员可尝试估算最坏情况下的时间复杂度，并思考是否有更优的算法或数据结构。

- 发现重复计算：浏览代码时留意相同的计算是否被执行多次，典型迹象如在循环内部调用了代价昂贵的函数，或对不变的数据重复进行处理。对这类模式，建议将计算结果缓存起来，或将循环外可以完成的工作提前移出循环。例如，避免在每次迭代中反复计算数组长度、避免重复读取相同文件等。

- 检查资源和内存使用：观察代码在资源使用上的模式，例如在循环中创建大量对象或分配大块内存是危险信号。审查时可以建议复用对象、使用池化技术或尽量在循环外完成对象创建。还要检查代码是否正确关闭了文件、数据库连接等资源，防止因资源泄露而出现性能下降。对于 Web 前端代码，则要注意是否频繁操作 DOM 或执行大量同步运算，这些都可能阻塞页面响应。

- 利用语言特性和最佳实践：有时 AI 生成的代码没有用到所选编程语言的高

效特性，代码审查时应识别可以用更高效方法替代的地方。例如，拼接字符串可以改用模板字符串或数组合并操作，复杂数学运算可能有内置函数可用。同样地，注意是否有未使用的变量、"死"代码等，它们不仅影响可读性，也可能暗示性能问题（如不必要的计算结果未被用到）。

通过以上检查，审查员能够在代码审查阶段提前发现性能问题，而不把问题留到生产环境。这不仅能提升代码质量，也可以培养团队的性能优化意识。在实践中，不妨将性能检查列为代码审查清单中的一项，以确保每次审查都关注效率因素。

5.3.5 建立代码审查体系

AI 可能生成功能正确但与战略优先级或架构原则不符的代码，而人类能够以 AI 无法做到的方式理解业务目标和长期产品战略，以及由此延伸出来的技术决策，因此，目前人工审查依然是保障代码质量的最优方式。为此，有必要建立一些流程化的代码审查机制，例如下面提到的若干策略。

1. 起点审查

在使用 Cursor 等 AI 工具生成代码时，不要急于接受 AI 生成的代码，而应该在起点上先对这些代码进行仔细的阅读和理解，从源头上尽可能减少问题的引入。为此，审查员需要完成以下审查工作。

- 仔细阅读与理解：将 AI 生成的代码当作来自新人工程师（如实习生）的代码来看待——表面上 AI 生成的代码可能语法正确、井井有条，但背后可能缺少对业务细节的考虑。审查员应逐行检查代码逻辑，确认其实现了预期功能且符合需求。

- 验证核心逻辑和边界情况：AI 生成的代码往往只涵盖"正常路径"，而缺乏对异常或边界条件的处理。在接受代码前，应手动检查关键函数和模块，例如输入不同边界值来思考其输出是否合理，考虑错误处理是否充分。如果有可能，应该运行这段代码的小片段或编写简单测试来验证其行为，确保 AI 没有忽略关键场景。

- 检查风格和集成：由于 AI 会从互联网学习各种风格，它生成的代码可能不符合团队的编码规范或项目架构。应该检查命名是否规范、代码风格是否一致，在接受代码前进行调整。审查员还需检查 AI 代码与现有代码的集成点，确保引用的类、函数或库在项目中存在且版本兼容，避免 AI 的错误假设导致集成问题。

- 安全与性能初检：在源头阶段审查员就应该排查明显的安全漏洞和性能问题。例如，检查 AI 代码中是否直接使用了未经校验的用户输入、是否硬编码了敏感信息，或采用了低效的算法。尽管后续环节还会进行深入的安全与性能审查，但开发者在初检时若能发现这些苗头，就可立即要求 AI 修正或在接受代码前手动修正，避免问题扩散到后续流程中。

总之，务必确认所有环节均通过审查，没有明显问题后，再接受代码。

2. 邀请审查员

除了代码作者外，在商业项目中通常会引入更多相关方共同审查代码。严格来说，代码审查并不是工程化手段，而是一种管理方法，具体的实操方式灵活多变。有些团队会根据需求粒度定期发起线下代码审查会议，线下聚集团队成员集中讨论变更代码的实现，直至与会大部分成员通过后方可合入主干。有些团队则要求代码开发完毕后在 GitLab 或 GitHub 系统上创建 Pull requests（拉取请求），经审查员审查通过后再将变更代码合入主干，如图 5-8 所示。

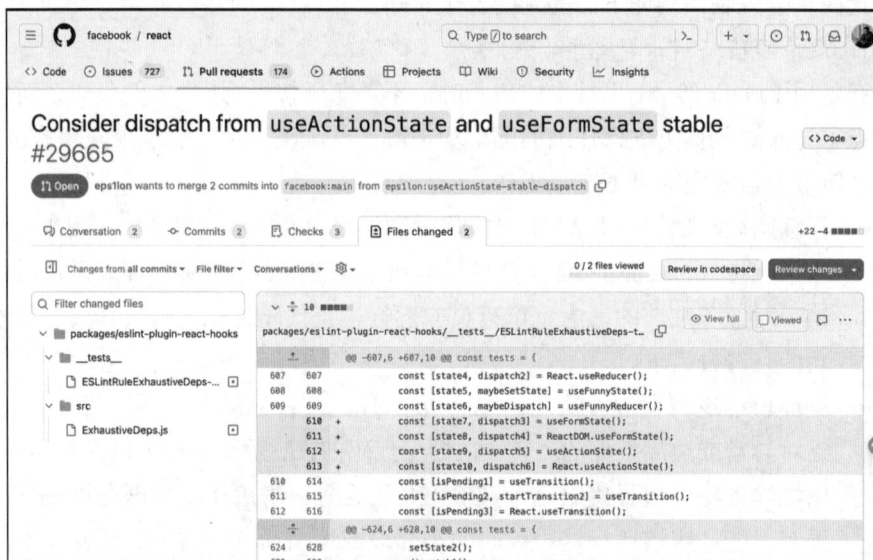

图 5-8 GitHub Pull requests 功能示例

无论用哪种方式审查代码，必须有合适的第三方参与审查，且审查动作必须形成流程卡点，审查通过后方可合并代码。那么，谁是合适的审查员呢？在真实工程中会有许多具体的评估标准，不一而足，但有几个值得参考的维度。

- 技术专家：团队中技术能力比较强，经验比较丰富，并且对代码质量有较高要求的人员。技术专家能从纯粹的技术视角评估代码实现的优缺点、可读性及潜在风险等。例如，识别出某些缺少 useMemo 调用导致数据重复计算的情况；识别出某些新增第三方依赖的质量问题并给出更佳的解决方案；识别仓库中不断重复出现的代码模式，并推动将其提升为通用基础模块。

- 业务专家：团队中对特定业务规则理解比较深的人员，通常由团队负责人或业务骨干担任。业务专家能从业务视角证实代码实现是否满足业务预期，特别是对一些边界场景的处理是否合理。例如，代码是否缺失对某些错误场景的交互处理；表单字段的校验规则是否满足业务约束；部分代码逻辑是否可重用代码仓库某些存量模块等。

- 模块专家：对本次提交所涉及变更模块最熟悉的人员，一般是模块的原作者或者核心维护者。技术专家和业务专家擅长从宏观视角考察变更的合理性，但聚焦到具体模块时可能会因为缺失相关历史上下文而无法给出确切的反馈，此时模块专家则能结合历史背景给出参考性更强的意见建议。

注意，这 3 类角色只是一种模糊的分工模式，并非始终泾渭分明，在不同场景下可能常常出现角色互换。关键还是在于代码审查时，我们期望尽可能引入擅长不同能力维度的角色，从不同视角对代码做出合理审查，并最终产出更立体、更具建设性的参考意见，帮助每次变更达到更好的质量水平。

3. 构建代码审查文化

可以说，代码审查是 Vibe 编程方法论中最需要深入理解代码的环节。执行代码审查不仅能够及时发现代码中存在的设计不合理、结构混乱、违反架构规范、代码重复等问题，还能有效促进团队成员之间的技术交流，这些都是被业界广泛认可和接纳的优点。因此，许多团队都愿意投入时间和精力来制定代码审查规范。然而，遗憾的是，我所见过的大多数团队在这方面的执行效果并不理想。

原因很简单，代码审查带来的多数是长期、潜在且无法量化的收益，但当下却需要付出许多时间和精力执行。代码审查反馈的问题"可能"可以提升质量，但也意味着当下需要花时间修复问题，反而可能影响上线节奏，甚至因此延期。这是一个典型的回报率问题，未来的回报要在未来才有可能显现，这是个确定的，当下的投资却都是实实在在的付出，那么一旦遇到人力、时间、进度等方面的压力，代码审查必定是最先被抛弃的环节。

这正是许多软件工程团队需要面对的问题：如何确保团队成员按规范严格执行代码审查，及时发现代码问题？问题出在人身上，解题的关键也同样在人身上。在借助 Vibe 编程释放心智之余，就应该将可读性、可维护性、整洁优雅等特性看作关键的质量需求，而不只是堆砌代码满足功能需求。如果团队中有超过 20% 的人具备精益求精、代码洁癖等特质，并且文化上足够开放包容，容许甚至鼓励为技术发声，那么整体技术氛围应该是比较强的，对功能需求之外的各项质量要求必然也会更重视，更有可能严格执行代码审查。因此，如果条件允许，应该尽可能引入更多优秀的工程师加入团队，鼓励他们充分发出质疑的声音，久而久之自然能形成严谨务实的工程师文化。

4. AI 驱动的审查助手

既然能用 AI 生成代码，那必然也能用 AI 审查代码，事实上业界已经围绕这一主题生产了许多工具。

- CodeRabbit：一款代码仓库感知的 AI 代码审查平台。它能够分析代码变更并提供类似高级工程师的审查反馈，将审查反馈集成于 GitHub Pull requests 和本地 IDE 中。CodeRabbit 号称利用整个代码仓库和上下文信息来捕捉细微漏洞并强化最佳实践。另外，它还支持在 VS Code 等编辑器内实时运行 AI 审查，让每次提交都经过自动检查，从而及早发现问题。

- Amazon CodeGuru：亚马逊（Amazon）推出的机器学习驱动代码审查服务。CodeGuru 基于亚马逊多年的内部代码和最佳实践进行训练，能够自动执行代码审查并提供应用性能改进建议。CodeGuru 会自动检查代码以发现通常难以察觉的缺陷，并提出可行的修复建议。此外，CodeGuru 还包含运行时分析组件，可以在应用运行时检测性能瓶颈。

- Cursor：Cursor 虽然专注于提高开发者编程生产力，但同样可以借助其问答功能实现代码审查。

这些 AI 审查助手也是大语言模型驱动的，即通过学习大量已有代码和已知问题模式，来判断新的代码片段是否违反了既定最佳实践或存在典型漏洞，它们本质上是熟记了规则的自动审查员，能够机械、高速地扫描代码。虽然这些 AI 审查助手并不真正理解代码背后的意图和语义，但引入这类工具能带来不少优势。

- 自动化与一致性：AI 工具可以自动执行大量重复性的审查工作，大幅减少人工审查负担。它们以一致的标准评判每行代码，不会因疲劳或风格差异而疏漏，从而保证代码规范统一。

- 高效初步筛查：在代码提交后，AI 助手可作为首轮过滤器，快速扫描数百行代码以定位常见问题（如资源泄露、基础安全漏洞或低效算法等），能够比人更快捷、更稳定地抓住这些问题。

- 减轻审查疲劳：由于基础问题由机器提前拦截，人类审查员无须将宝贵的时间耗费在排查简单错误上，可以把注意力转向架构决策、代码可维护性及业务逻辑验证等更复杂、更有意义的方面。AI 负责机械检查，人类则聚焦高层次思考——这种分工提高了整体审查的效率和深度。

但是，就如同本节所述，大语言模型在生成代码方面有其天然缺陷，这些问题同样会出现在代码审查场景中。

- 缺乏上下文理解：AI 缺少对代码所处业务背景和架构意图的深入理解，无法像人类那样通盘考虑设计初衷和业务语义。这会导致 AI 给出的某些修改建议在局部看似合理，但实际上与系统整体设计或产品需求相悖。
- 误报与漏报：模式匹配的局限使 AI 审查难免出现误报（将正确无害的代码误判为问题）和漏报（遗漏真正存在的缺陷）。误报会干扰开发者视线，浪费时间去处理并不存在的问题，久而久之可能降低开发者对工具的信任。更严重的是漏报，当 AI 错过了隐蔽的 bug 或安全漏洞，开发团队可能产生虚假的安全感，以为代码已通过审查而放松警惕。
- 业务逻辑和意图难题：很多代码质量问题并非语法层面的错误，而是与设计意图或业务规则相关。AI 无法理解为何某个业务流程要按特定方式实现，也无法领会架构上的权衡取舍。因此，AI 可能忽略那些不违反通用规则但实际上功能不正确的代码。
- 过度依赖的风险：如果开发者对 AI 审查产生过高依赖，倾向于不假思索地接受 AI 给出的修改建议，那么团队的审查质量可能受到负面影响。AI 毕竟不是权威裁判，其建议有时存在偏差或局限，开发者仍需保持质疑精神。如果开发人员养成对 AI 结论不加核实的习惯，一旦 AI 出现判断失误，问题将直接流入代码仓库。

在不了解 AI 生成代码的内部细节的情况下，如果开发者仅依赖 AI 来审查代码，就形成了一个潜在风险极高的闭环：代码由 AI 生成，审查也交给 AI，人类只负责按下按钮，并没有真正弄懂代码在做什么。在这种情况下，一旦 AI 漏掉了关键问题，后果将不堪设想。AI 生成的代码越多，就越需要人类进行高质量的审查来确保软件可靠。如果让 AI 既当生产者又当审查员，相当于缺失了人类专家这道必要的保险栓。只有人类审查员深入介入，才能打破这种自我循环，提供 AI 不具备的理性判断和质疑精神。

5.4　工程化管理

Vibe 编程是一种高度依赖 AI 的软件开发方法，AI 生成代码的速度远远超过人工代码审查的处理能力。但在真实的商业项目中，Vibe 编程尚无法完全摆脱人工审查，这就导致工程师在面对交付压力时，极易跳过审查流程，从而带来一系列工程隐患。

- 代码质量与可靠性：AI 可能出现"幻觉式"生成，生成表面合理但存在隐性 bug、效率低下或语义存在偏差的代码。
- 调试与维护成本高：人类对 AI 生成的代码缺乏理解，会导致后期问题难以定位，修复成本骤升。
- 安全隐患：未经安全审查的代码可能包含潜在漏洞，增加系统风险。

Vibe 编程的核心优势在于"低门槛"与"快速构建"，但也正因此，更需要用工程手段来平衡风险。否则，Vibe 编程的便利性将转化为维护复杂度与项目稳定性等方面的长期隐患。要让 Vibe 编程真正落地，关键在于将其嵌入结构清晰、节奏可控、过程可审的工程化体系中。

5.4.1 工程化简介

软件工程是一门应用工程原则来设计、开发、测试和维护软件的学科，它以系统化、科学化、规范化的方法解决软件开发过程中的复杂性，确保最终产品具备良好的质量和可靠性。在 Vibe 编程时代，工程化的重要性并未减弱，反而更加突出：它有效弥合了 AI 与人类开发者之间的协作鸿沟，通过自动化的手段快速验证代码的质量与长期可维护性，从而进一步降低开发过程对人的依赖程度。

具体而言，工程化体系能够有效解决以下关键问题。

- 确保代码的正确性和可靠性：针对 AI 生成代码时可能出现的"幻觉"或潜在缺陷，工程化流程通过自动化测试、静态代码分析及代码审查工具进行严格校验，确保代码的正确性和可靠性。
- 提升可读性与可维护性：AI 生成的代码可能缺乏足够的可读性与一致性。工程化实践能够强制约束统一的代码风格、结构化注释与详尽文档，帮助开发者深入理解 AI 生成的代码的逻辑与设计意图，便于后续的调试与维护。
- 强化安全性：工程化体系中通常内置安全实践，如自动安全扫描、静态安全分析、风险识别与代码审查，这些有助于及早发现代码可中能存在的安全漏洞，确保生产环境的稳定与安全。

软件开发绝不仅限于编写代码，编码本身只占项目整体工作量的一小部分。虽然 AI 能高效解决代码的生产需求，但更广泛的领域，如需求验证、质量检测、系统部署、生产环境监控等环节，都是企业级软件项目中必须被认真考虑和细致设计的关键步骤，工程化手段能有效解决这些复杂场景下的难题。

可以说，缺乏工程化支撑的 Vibe 编程，其优势只能体现在短期或小规模的项目中。而有了工程化体系的加持，AI 驱动的软件开发方式就能够从快速实验转向企业级的长期稳定交付，真正发挥其作为生产力加速器的巨大潜能。

5.4.2 适用于 Vibe 编程的轻量级工程化体系

虽然工程化对于保障软件质量与长期稳定性有其不可或缺的价值，但完整的工程化体系本身是一个庞大而复杂的课题，远超本书的内容范围。因此，本节将提供一套基础、轻量级且易于实践落地的工程化设计方案，读者可以将其理解为满足"必要质量保障"的最小集合，以最低成本获得有效的质量与维护性保障。

1. 版本控制

版本控制（version control）是一种用于跟踪和管理代码变更历史的工具，也称为源码管理（source code management）或修订控制（revision control）。版本控制对软件开发过程中的各种文件（如代码、文档、数据、图片）进行版本化管理，能有效解决代码协作冲突。软件工程中的版本控制起到以下作用。

- 安全回滚：版本控制系统提供类似安全网的能力，让开发者能够随时返回任意历史版本。即使 AI 生成的代码存在错误或不稳定因素，也可以快速恢复到之前的可靠版本，从容进行修改和迭代，不必担心造成不可逆的破坏。
- 高效协作：版本控制工具（如 Git）的分支机制允许多个开发者同时独立开发新功能或修复问题，随后在通过代码审查后，将变更有序地合并到主分支，从而避免开发冲突与覆盖问题。
- DevOps 实践基础：版本控制是现代 DevOps 流程的基础，没有版本控制的支持，自动化构建、CI/CD 等 DevOps 实践都无法有效落地。

举一个实际的例子。假设项目已顺利上线并进入平稳运行阶段，此时你借助 AI 生成了新代码并多次迭代，但不小心引入了隐蔽的 bug，而人工审查过程中未能及时发现，导致问题上线。如果项目未采用版本控制，你只能耗费大量时间精准定位代码问题、修复并重新发布，整个过程耗时费力，且期间问题持续存在于生产环境中。但如果你已应用版本控制，便能通过 git revert 或 git reset 命令迅速回滚到前一个稳定版本，立即缓解线上问题的影响，然后再异步排查与修复问题，极大减少业务损失。

使用版本控制系统已经是当下软件工程师必备的能力之一。以下为常用的 Git 操作命令。

- 安装 Git。在 macOS 或 Linux 操作系统中，Git 通常已预装。如果没有安装，可以通过 Homebrew（使用 brew install git 命令）或系统包管理器安装。Windows 操作系统用户可以从 Git 官网下载安装包并进行安装。
- 配置用户信息。安装后，设置用户名和电子邮件地址，以标识代码的提交身份：

```
git config --global user.name "你的名字"
git config --global user.email "你的邮箱@example.com"
```

- 初始化仓库。在项目目录中，执行以下命令创建一个新的 Git 仓库：

```
git init
```

- 检查状态。查看项目中的更改，了解哪些文件需要暂存、提交或忽略：

```
git status
```

- 添加文件到暂存区。将文件标记为下一次提交的一部分：

```
git add [文件名]
git add . # 添加当前目录下所有更改的文件
```

- 提交更改。保存项目的一个快照，并使用有意义的提交消息来描述所做的更改：

```
git commit -m "你的提交信息"
```

- 查看历史。查看提交历史，了解项目的进展：

```
git log
```

- 分支操作：Git 最强大的功能之一是分支。分支允许用户在项目的不同部分独立工作，而不会影响主代码仓库。这在开发新功能或修复 bug 时尤其有用，常见命令如下。
  - ➢ 创建新分支：git branch [分支名]。
  - ➢ 切换分支：git checkout [分支名]。
  - ➢ 合并分支：git merge [源分支名]。
  - ➢ 比较分支：git diff branch1 branch2。

　　在当前的 AI 驱动开发环境中，你无须机械记忆所有 Git 命令，只需将需求告诉 AI，AI 便能准确生成代码并执行相应的操作指令。例如，在 Cursor 中可以使用快捷键 "Ctrl + `" 打开 Terminal（终端）后，再按下 "Ctrl + k" 启动 AI Chat，输入需求（如 "切换分支：chore/test，并将当前所有变更内容添加到暂存区，之后提交代码并推送到远程服务器"），如图 5-9 所示。

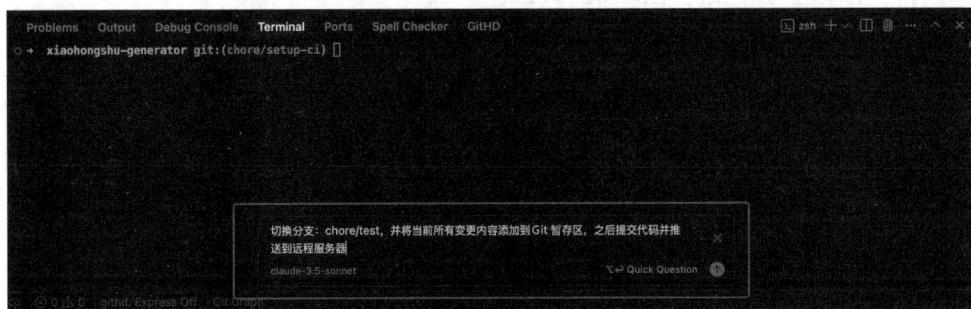

图 5-9　终端 AI 交互

　　Cursor 即可自动生成对应该需求的 Git 命令：

```
git checkout -b chore/test && git add . && git commit -m "chore: 初始化测试
分支" && git push origin chore/test
```

　　总之，合理利用版本控制系统，能更好地组织开发协作，保护代码安全，建议将其纳入标准开发流程。

　　2. 自动化测试

　　版本控制系统赋予了我们随时回溯历史的能力，我们还需要一种快速验证代码稳定性的机制，确保 AI 每次生成的新代码不会破坏现有功能的正常运行，保障代码的质量、稳定性和可维护性，并最终将其可靠地交付给用户，而这就需要引入自动化测试技术。

　　自动化测试（automated testing）是通过编写测试脚本或测试用例，自动验证软件功能是否符合预期的一种实践。相较于人工手动测试，自动化测试有以下优势。

- 确保功能正确性：自动化测试能高效地验证功能在不同条件下的表现，确保代码逻辑的完整性与正确性。

- 快速发现并解决问题：在开发过程中，自动化测试可以迅速定位问题根因，极大减少人工调试所耗费的时间成本。

- 实现即时反馈：一旦代码修改引入问题，自动化测试能迅速发现并反馈，从而帮助开发者快速修复 bug，避免问题进一步扩散。

当我们将自动化测试与 AI 生成代码相结合时，就能构建出一种高效、稳健的开发反馈闭环，大幅降低手动测试与调试的工作量，快速地验证 AI 生成的代码的稳定性与正确性，从而实现快速可靠的迭代。

不同语言有不同的测试工具，难以穷举，但借助 AI 可以为各类开发技术栈快速搭建自动化测试环境并编写测试用例。例如，在 JavaScript 技术栈中接入 Vitest 实现自动化测试，可遵循下面的流程。

（1）初始化环境：可使用如下提示词快速初始化 Vitest 自动化测试环境：

> 这是一个用 JavaScript 编写的项目，请帮我搭建 Vitest 自动化测试环境，需要支持测试 JavaScript 代码、React 代码

AI 会自动修改项目的 package.json 文件，补充相关依赖并生成必要的配置文件。我们仅需执行初始化命令（如 npm install）即可快速完成环境搭建。

（2）添加测试用例：环境搭建完成后，我们可以继续使用 AI 为具体模块生成单元测试用例：

> 请仔细阅读@xxx.ts 代码，为其生成测试用例，要求单元测试覆盖率达到 80% 以上，要求模拟所有下游模块，保证测试用例的独立性

理想情况下，AI 将自动生成对应的单元测试代码，开发者只需执行 npx vitest --run，即可完成自动化测试。

不过，自动生成测试代码的过程并不总是那么顺利，源码的复杂程度与生成单元测试的难度呈正相关关系。源码越简单，其逻辑结构和功能实现往往更为清晰直观，生成单元测试的难度也就越低。源码越复杂，分支链路越多，涉及的下游模块越繁杂，边界情况、异常处理和交互逻辑等都会相应复杂许多，需要更多、更复杂的测试用例，AI 生成单元测试的难度也随之增加。

因此，当 AI 无法成功生成单元测试时，可以先优化源码结构，降低其复杂性：

> 请仔细阅读@xxx.ts 模块代码，当前的复杂度过高导致无法正确生成单元测试，请根据单一职责、低耦合、高内聚等原则做好模块拆分，确保对单元测试友好

这样，我们不仅能够确保代码的结构更清晰、模块更易测试，也提升了 AI 自动生成测试用例的成功率，最终实现更高效、更稳健的软件开发过程。

3. CI/CD

持续集成与持续交付（continuous integration/continuous delivery，CI/CD）是一套以自动化流水线实现的软件工程实践，通过特定触发条件，自动执行代码集成、构建、测试与发布等质检动作，只有通过所有自动检查，才能推进到下一阶段。持

续集成（CI）和持续交付（CD）的含义如下。

- 持续集成：在每个特性分支合并到主分支前触发构建、单元测试、代码静态检查等操作，确保代码更改不会破坏主分支的稳定性与质量。
- 持续交付：在主分支发生变更后自动触发，执行构建、端到端测试与性能测试等更严格的质检任务，最终确保代码变更具备发布到生产环境的稳定性。

CI/CD 的核心目的是通过自动化质量检测工具提升交付效率，减少人为失误，实现快速可靠的软件交付，从而更迅速地响应市场需求与用户反馈，加快整体业务迭代节奏。在 Vibe 编程场景下，敏捷的 CI/CD 流程能更高效地验证 AI 生成的代码质量，加快发布速度并降低迭代风险。

在实际操作层面，有多个系统提供了完整的 CI/CD 能力，以 GitHub Actions 为例，我们通常会设计以下两条流水线。

- 持续集成流水线：每次发起拉取请求时触发，执行依赖安装、代码构建、单元测试与代码静态检查等基础操作，所有质检通过后方可将代码合并到主分支。注意，在较大规模的团队中，为避免流水线过长（通常控制在 10 分钟内），此阶段建议采用相对轻量级的质检规则，示例提示词如下：

> 请添加一条 GitHub Actions 流水线，每次发起 PR 时触发，执行依赖安装、代码构建、单元测试与代码静态检查，所有质检通过后方可将代码合并到主分支

- 持续交付流水线：当主分支发生变更时触发，相比于"持续集成"阶段会执行更完整的测试，质检通过后再调用云平台接口进行部署发布，6.5 节将更详细地介绍其具体的实现方案，此处不赘述。

4. AI 驱动文档编写

除上述内容外，从长期可维护的视角考虑，还需要在代码完成后同步补齐关于代码的说明文档。一方面，这有助于提升代码可读性，让后续参与者（或未来的开发者）更快速地理解代码逻辑；另一方面，文档还能辅助 AI 更准确地识别代码结构与功能，进而更高效地产生新代码。

从软件工程角度看，软件不仅包括源码，还包括与之配套的文档说明。传统软件的操作手册、开源项目的 README、企业级项目的开发者指南，都属于这一范畴。清晰而完善的文档体系具有如下作用。

- 解释功能与使用方法：详细解释软件功能及其使用方法，帮助开发者和用户更好地理解项目的整体架构与设计意图。
- 降低新成员学习成本：缩短团队新成员的培训时间和学习曲线，快速提升

新成员的生产力。

- 提供项目历史记录：文档记录项目的决策、设计思路与实现细节，便于未来维护与审查，有效避免重复过去的错误，尤其是有助于 AI 快速恢复历史上下文，保持逻辑连贯。
- 简化维护并预防缺陷：高质量的文档显著降低了代码维护成本，能有效防止缺陷产生。

当然，文档内容也不必完全手动编写，在 Vibe 编程环境下，我们完全可以利用 AI 快速生成、维护和更新文档，例如：

你是一个专业的技术文档工程师，具备良好的软件开发背景和清晰的表达能力。请基于以下信息为一个软件项目编写全面且结构清晰的项目文档，文风简洁、准确，适用于开发者与用户查阅

请确保文档涵盖以下 4 个维度，每个维度包含对应的内容模块，必要时可附示例代码或图示

技术文档（technical documentation）

- 项目简介与背景说明（项目目的、目标用户、主要功能）
- 核心算法或关键实现说明（如数据同步策略、路径查找算法）
- API 设计与调用示例（包括参数说明、返回值、错误处理等）
- 数据结构说明（如树节点定义、接口模型）

系统文档（system documentation）

- 系统架构总览（文字 + 架构图）
- 各模块/服务（如前端、后端、数据库、消息队列）的职责与关系
- 技术选型（如使用 React/Vue、Node.js、Redis 等及其原因）
- 性能优化与安全措施（缓存策略、限流、鉴权方案等）

开发者文档（developer documentation）

- 安装与开发环境配置（Node 版本、依赖安装、.env 设置等）
- 代码目录（src、components、api、tests 等）结构说明
- 本地开发与调试流程
- 提交规范（Conventional Commits）与分支管理策略（如 Git Flow）
- 单元测试与集成测试框架（如 Vitest、Jest、Playwright）

用户文档（user documentation）

- 快速上手指南（如何运行项目、如何登录/注册/使用主要功能）

– 图文操作手册（通过界面截图说明主要交互流程）
– 设置与安装说明（如系统要求、浏览器兼容性、本地部署）
– 常见问题解答（FAQ）

补充要求：

– 所有代码块使用 Markdown 格式正确标记
– 文档风格保持一致，适合发布到 GitHub README
– 如需引用路径或命令行，使用代码块标记格式：```

示例参考：

– 快速开始：

```bash
git clone https://github.com/yourname/yourproject.git
cd yourproject
npm install
npm run dev
```

– API 示例：

```js
GET /api/user?id=123

Response:
{
  "id": 123,
  "name": "Alice"
}
```

这样，我们便能高效地获得质量稳定、实时更新的文档，进一步降低项目的长期维护成本，这里截取一段生成的文档的样例。

```
# XiaoHongShu AI Content Generator

## 🎯 **核心创新 & 技术亮点**

### 💡 **AI-Driven Content Intelligence**
```

- **多模型融合策略**：支持 OpenAI GPT-4o、Gemini Pro、Claude-3 动态切换，基于 Vercel AI SDK 统一抽象层
- **语义理解引擎**：实现段落语义分割、关键信息提取、情感分析的端到端流水线
- **风格迁移算法**：6 种预训练风格模型（小红书/专业/科学/文艺/随意/极简），支持零样本学习风格转换

⚙ **Pure SVG Rendering Engine**
- **零依赖矢量渲染**：无须 Canvas/WebGL，纯 SVG + CSS 实现高保真卡片生成（960×1280 小红书标准）
- **响应式设计系统**：基于 CSS Grid + Flexbox 的自适应布局，支持 3:4 黄金比例动态缩放
- **实时预览管道**：WebSocket + Server-Sent Events 实现毫秒级渲染反馈

⚡ **Enterprise-Grade Architecture**
- **Nx-style Monorepo**：pnpm workspace + TypeScript Project References 实现代码共享与类型安全
- **微服务化设计**：Express Router + Service Layer 分离，支持水平扩展与独立部署
- **可观测性体系**：结构化日志 + 性能监控 + 错误追踪的完整应用性能管理解决方案

⧉ **Streaming & Real-time Experience**
- **流式内容生成**：基于 ReadableStream API 实现分片处理，降低首屏时间 60%+
- **智能缓存策略**：Redis + Memory Cache 双层缓存，API 响应时间 < 100ms
- **错误恢复机制**：Circuit Breaker + Retry with Exponential Backoff 保障服务稳定性

📑 **快速导航**

🔧 [技术文档](#-技术文档)	🗺 [系统架构](#-系统文档)	🖥 [开发指南](#-开发者文档)	📖 [用户手册](#-用户文档)
API 设计·算法实现·数据结构	架构设计·模块关系·技术选型	环境配置·开发流程·测试框架	快速上手·操作手册·问题解答

🚀 项目简介

项目目的
小红书内容生成器是一个基于 AI 的智能内容创作工具，旨在帮助内容创作者快速将长篇文章转换为适合小红书平台的图文卡片形式。通过 AI 技术自动分析、提取关键信息并生成视觉化卡片，大大提升内容创作效率。

...

5.5 小结

本章针对 Vibe 编程模式下的工程化挑战，提出了一套完整的实践方案，从提示词工程技巧、结构化的需求规划，到严格的代码审查与优化，确保 AI 生成的代码不仅"能跑"，还能长期可维护。

此外，本章还介绍了版本控制体系、自动化测试、CI/CD 和 AI 驱动文档编写等轻量级工程实践，以最低成本实现高质量交付。这些实践为 Vibe 编程建立了稳定的基础设施，让 AI 编程不仅适用于快速原型开发，也能支撑面向生产环境的企业级项目。只有在良好工程方法的加持下，AI 的开发效率优势才能真正释放。

第 6 章

实战案例

本章将以"小红书内容生成器"项目为例，系统讲解如何基于 Vibe 编程方法，从零构建一个具备真实可用性的全栈 AI 应用。本章内容覆盖从环境配置、项目需求梳理、后端与前端开发到最终部署的完整流程。过程中不仅展示了每个环节的关键操作步骤，而且重点总结了模型协作过程中高价值的提示词结构、调试技巧与开发节奏控制策略。

相比传统开发流程，本章强调的是如何构建一个对 AI 友好的开发环境，并以人类开发者为主导，借助 AI 更高效地实现应用开发。所有相关代码均已提交到 https://github.com/Tecvan-fe/xiaohongshu-generator 仓库，读者可自行下载阅读。

6.1　环境配置

工欲善其事，必先利其器。在开展项目之前，我们需要先设置一系列基础开发环境，包括 Cursor（一款 AI 原生代码编辑器）、Node.js（JavaScript 运行时）、pnpm（高效的包管理器）、ChatGPT 账号、OpenAI API Token 等，并搭建项目开发环境。

为简单起见，本项目选择入门门槛较低的语言——JavaScript 进行编写，重在学习开发过程中的各类提示词与技巧，其他技术栈的读者也可无障碍阅读。对于已经安装相关工具的读者，可跳过 6.1.1 节，直接阅读 6.1.2 节关于项目脚手架的说明。

6.1.1　准备工具

为了完成示例项目，需要预先安装若干必要的开发软件，并做好基础配置。

1. 安装与配置 Cursor

Cursor 是一款基于 Visual Studio Code（简称 VS Code）构建的 AI 原生代码编辑器，它将生成式 AI 能力直接嵌入开发工作流中，并提供上下文感知的代码建议、自动化重构和实时代码生成等能力，可以说是目前市面上效率最高的 AI IDE 之一，因此本书推荐优先使用 Cursor 进行 Vibe 编程。

Cursor 的安装过程比较简单，首先访问 Cursor 的官方网站（如图 6-1 所示），然后点击 Download 按钮，适用于你机器的操作系统的安装程序将自动下载，下载完成后，运行安装程序并等待安装完成。

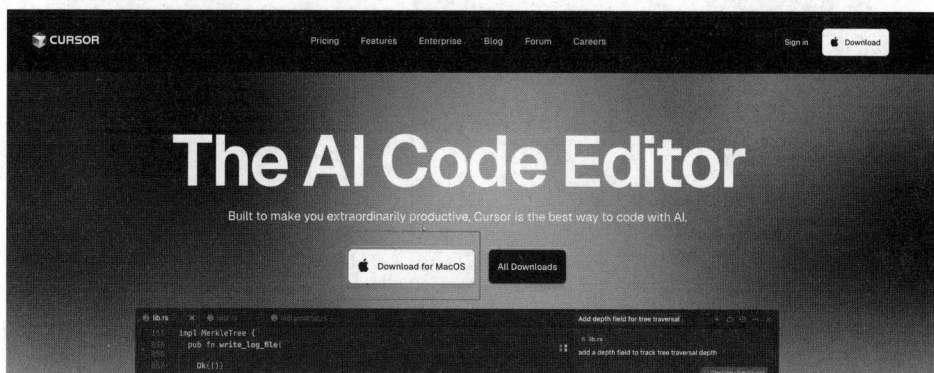

图 6-1　Cursor 官网

主流操作系统对应的安装方式如表 6-1 所示。

表 6-1　不同操作系统的安装方式

操作系统	下载方式/文件类型	关键安装步骤（简述）	示例命令（如有）
Windows	.exe 文件	运行下载的.exe 文件，遵循安装向导指示	无
macOS	.dmg 文件	双击.dmg 文件，将应用拖曳至"应用程序"文件夹	无
Linux	.AppImage 文件	使.AppImage 文件可执行，然后运行它	chmod +x .Cursor-version. AppImage ./Cursor-version. AppImage

安装完成后，还需要开启若干配置，以进一步提升 Cursor 效率。

● 充值开通会员。虽然免费版本有试用额度，但性能较差，不如 Pro 版本，两者即使只有 10%的性能差异，在乘积效应下效率偏差也会非常大，所以建议直接使用 Pro 版本。

- 开启隐私模式。Cursor 内部的许多模型处理操作都发生在云端,所以不可避免地需要将本地代码发送到 Cursor 服务器,如果担心合规风险,可以开启隐私模式,该模式下 Cursor 保证不会私自存储你的代码。开启路径为:点击右上角的配置按钮(■),在 Cursor Settings 对话框中点击 General,将 Privacy mode 设置为 enabled,如图 6-2 所示。

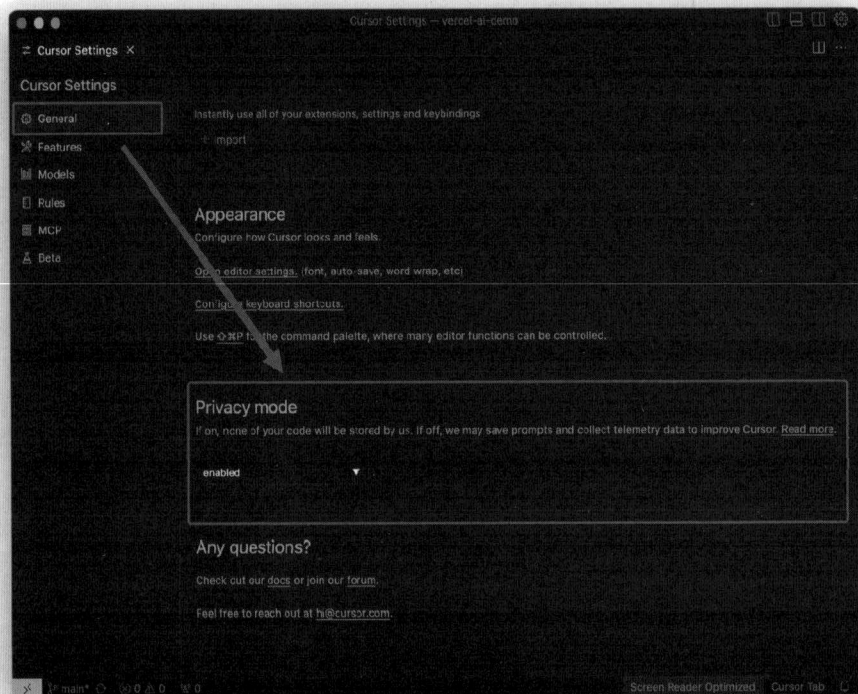

图 6-2 开启隐私模式

- 开启 auto-run 模式。Cursor Agent 工作过程中可能需要调用不少本地命令行工具,如 npm、Vitest 等,出于安全性考虑,Cursor 默认不会直接调用这类命令,而是弹出对话框,由用户决定是否执行命令。建议将部分安全性风险较低的命令设置为自动执行,让 Cursor 绕过用户操作直接执行这些命令,从而提升执行效率。开启路径为:点击右上角配置按钮(■),在 Cursor Settings 对话框中点击 Features,进入功能配置界面,勾选 Enable auto-run mode 下方相应的复选框,开启自动运行模式,如图 6-3 所示。

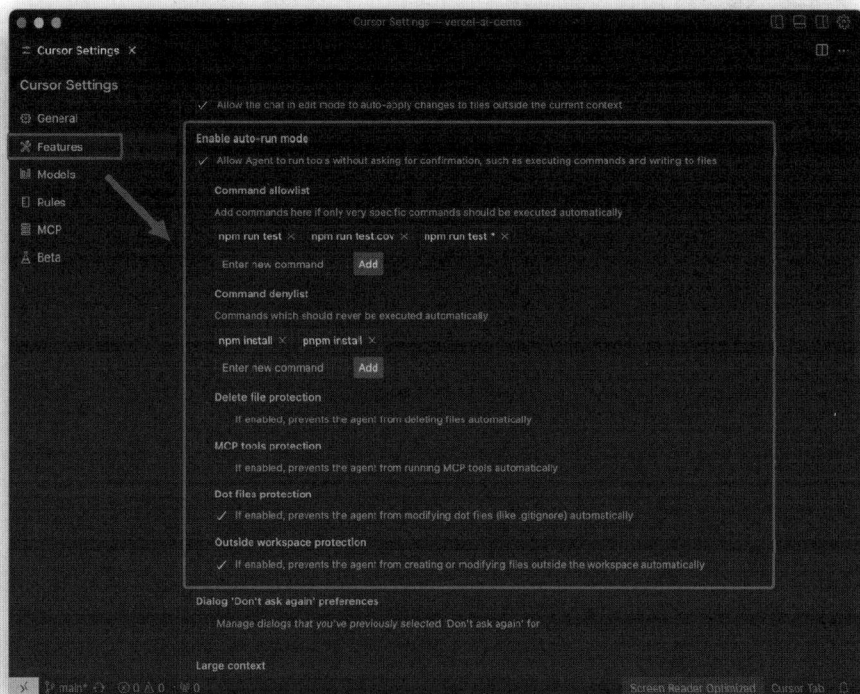

图 6-3　开启 auto-run 模式

对于前端开发者，建议将 npm、pnpm、Vitest、eslint、webpack 等常见工具设置为 Command allowlist 白名单。

- 开启 Codebase Indexing。Codebase Indexing 是 Cursor 的关键特性之一。简单来说，该功能会向量化整个项目的内容并加密存储到 Cursor 的云端数据库中，后续执行大语言模型请求时可到该数据库获取向量知识，进而对仓库代码建立更深的理解，Cursor 生成的代码也会跟已有代码的关联性更强（如相似的技术栈、编码风格等）。开启路径为：点击右上角配置按钮（▣），在 Cursor Settings 对话框中点击 Features，进入功能配置界面，向下滑动找到 Codebase Indexing 配置项，开启 Enabled 选项，如图 6-4 所示。

- 关闭 Auto。Cursor 0.47 之后支持在 Agent 或 Chat 回话过程中根据任务类型自动选择合适的模型来完成任务，但实测效果并不好，更推荐在具体场景中选择某个固定模型。例如，对于编码类问题，建议选择 claude-4-sonnet；对于通识类问题，建议选择 gpt-4o；而对于中文写作类问题，则建议选择

deepseek 等。切换模型的操作方法如图 6-5 所示。

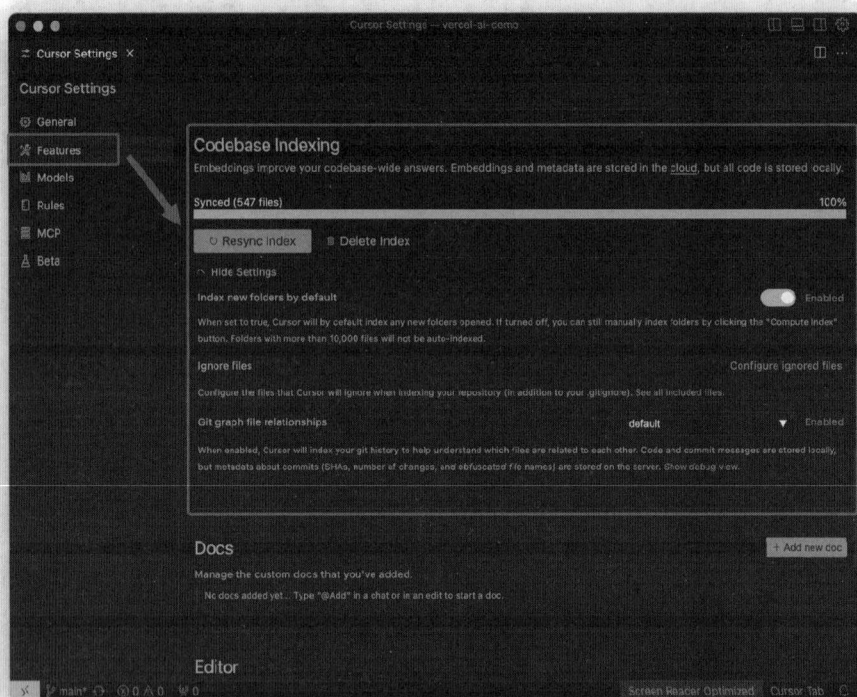

图 6-4 开启 Codebase Indexing

图 6-5 切换模型

- 导入 VS Code 设置。如果你已经在使用 VS Code，那么强烈建议使用 Import VS Code Extentions and Settings 命令导入 VS Code 设置，如图 6-6 所示。

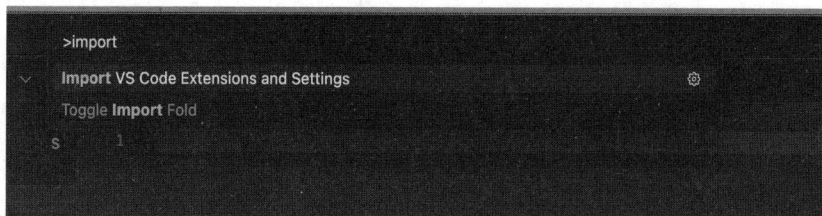

图 6-6　导入 VS Code 配置

2. 安装 Node.js

Node.js 是一个开源、跨平台的 JavaScript 运行时环境，基于 Chrome 的 V8 JavaScript 引擎构建，它的一个主要优势是能够使用 JavaScript 同时开发客户端程序和服务器端程序，这种统一的技术栈简化了开发过程，允许开发者在从数据库到用户界面的整个应用程序栈中都使用单一语言（JavaScript/TypeScript）进行开发，极大地降低了开发复杂度，也非常适合用 AI 生成技术栈统一的代码。

要使用 Node.js，需要先安装运行时环境，在 macOS 或 Linux 操作系统中，安装步骤如下。

（1）安装 nvm 工具，命令如下。

```
curl -o-
https://raw.githubusercontent.com/nvm-sh/nvm/v0.39.7/install.sh | bash
```

（2）安装 nvm 后，关闭并重新打开终端，或加载你的 shell 配置文件（如 source ~/.bashrc 或 source ~/.zshrc），之后安装 Node.js，命令如下。

```
nvm install --lts
```

在 Windows 操作系统中，无法直接使用 nvm，而需要使用 nvm-windows，安装运行时的步骤如下。

（1）安装 nvm-windows。在 nvm-windows 的 GitHub 仓库最新发布页面下载 nvm-sctup.zip 文件。下载后，打开 zip 文件并运行 nvm-setup.exe 文件。Setup-NVM-for-Windows 安装向导将指导你选择 nvm-windows 和 Node.js 的安装目录。

（2）列出可用的 Node.js 版本。安装 nvm-windows 后，打开 PowerShell（最好以管理员权限运行），执行 nvm list available 命令，验证 nvm-windows 是否正常工作。

（3）使用如下命令安装最新版本的 Node.js 运行时。

```
nvm install latest
```

3. 安装 pnpm

pnpm（performant node package manager）是一个高性能且节省磁盘空间的 Node.js 包管理器。相较于 Node.js 官方的 npm 工具，pnpm 经过深度优化后，安装速度、磁盘空间效率等都有明显增强，并且 pnpm 使用硬链接和符号链接来维护一个半严格的嵌套 node_modules 结构，严格杜绝 npm 存在的"幽灵依赖"问题，因此综合效率更高，也是推荐使用的包管理器。

在安装 Node.js 后，只需一行命令即可完成 pnpm 安装。

```
npm install -g pnpm@latest
```

安装成功后，可通过如下命令验证安装是否成功。

```
pnpm --version
```

4. 安装 Git

Git 是一款分布式版本控制系统，能够细致地追踪项目中的所有变更，是开发者高效管理项目的必备工具之一。AI 每次生成的代码都可能带来质量风险，而适当的 Git 操作能及时记录最近可用版本，可随时回退代码状态，对冲这部分质量风险，因此 Git 也是 Vibe 编程方法论下的必要工具之一。

在大多数 macOS 和 Linux 操作系统中，Git 通常是默认安装的，可以通过打开终端或命令提示符并输入以下命令来查看是否已安装 Git 及安装的版本。

```
git --version
```

如果命令返回 Git 的版本号（如 git version 2.9.2），则表示 Git 已安装。如果未安装，可按照以下步骤进行安装。

在 Windows 操作系统中，安装步骤如下。

（1）下载安装程序：访问 Git 官方网站并下载最新的 Git for Windows 安装程序。

（2）运行安装程序：双击下载的.exe 文件以启动 Git 安装向导。

（3）遵循向导指示完成安装：对于大多数用户，默认选项是合理的，除非有特定原因需要更改。

（4）验证安装：安装完成后，打开命令提示符（如果在安装过程中选择不使用 Windows 命令提示符中的 Git，则打开 Git Bash），输入 git --version 命令并按回车键，验证 Git 是否已成功安装。

在 macOS 操作系统中，安装步骤如下。

（1）下载安装程序（推荐）：访问 Git 官方网站并下载最新的 macOS Git 安装程序。

（2）运行安装程序：启动安装程序并按照提示完成安装。

（3）验证安装：打开终端，输入 git --version 命令并按回车键，验证 Git 是否已成功安装。

在 Linux（以 Debian/Ubuntu 和 Fedora 为例）操作系统中，可通过系统自带的包管理器轻松完成安装，安装步骤如下。

（1）更新包列表：打开终端并执行如下命令。

```
sudo apt-get update
```

（2）安装 Git：执行如下命令，安装 Git。

```
sudo apt-get install git-all
```

（3）验证安装：输入 git --version 命令并按回车键，验证安装是否成功。安装 Git 后，还需要及时配置用户名和电子邮件地址。

```
git config --global user.name "Your Name"
git config --global user.email "your_email@example.com"
```

5. 注册 ChatGPT 账号

本书选用 ChatGPT 作为主要的大语言模型工具，读者也可以根据实际场景选择适用的大语言模型，如豆包、Claude 等。使用 ChatGPT API 之前，需要先注册并获取 OpenAI API Token，步骤如下。

（1）进入 OpenAI 管理平台：https://platform.openai.com/。

（2）点击右上角 Sign Up 按钮，注册账号，可选择使用 Google/Apple 等账号登录。

（3）注册并登录成功后，进入 API keys 管理页面，点击右上角 "+Create new secret key" 按钮来创建 API key，如图 6-7 所示。

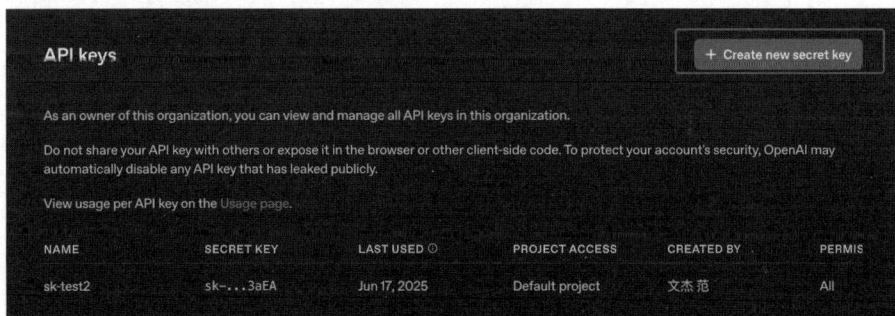

图 6-7　创建 OpenAI API Token

（4）复制新的 key 并保存，后续需要使用该 key 进行接口调用。

（5）[可选]注册并获得 API key 后，可充值一定额度，以便后续接口调用。

至此，前置的准备工作就完成了，接下来我们再梳理一份项目脚手架，以便快速进入开发。

6.1.2 项目脚手架

当前，软件技术发展呈爆炸式增长，要完成一个软件项目可以选择许多不同的技术栈，这里综合便捷性、稳定性、开发体验等方面整理了一套适合 Vibe 编程的基于 JavaScript 的轻量级项目脚手架。这套脚手架也将作为本章项目开发的基础，读者在命令行环境通过如下命令克隆（clone）使用。

```
git clone -b scaffold git@github.com:Tecvan-fe/xiaohongshu-generator.git
```

之后执行 cd xiaohongshu-generator 命令进入项目目录，再次执行 pnpm install 命令即可完成项目初始化。完成初始化的项目结构大致如下。

```
xiaohongshu-generator/
├── 📁 docs/                          # 项目文档
│   ├── ...
│
├── 📁 packages/                      # Monorepo 源码目录
│   ├── 📁 server/                    # 后端服务
│   │   ├── src/
│   │   │   ├── ...                   # 服务器端源码
│   │   ├── package.json              # 后端依赖配置
│   │   └── README.md                 # 后端服务说明
│   │
│   ├── 📁 web/                       # 前端应用
│   │   ├── src/
│   │   │   └── ...                   # Web 端源码
│   │   ├── package.json              # 前端依赖配置
│   │   ├── vite.config.ts            # Vite 构建配置
│   │   ├── tailwind.config.js        # Tailwind CSS 配置
│   │   └── postcss.config.js         # PostCSS 配置
│   │
│   ├── 📁 logger/                    # 日志工具包
│   │   ├── src/
│   │   │   └── ...
│   │   ├── package.json
│   │   └── tsconfig.json
```

```
|     |
|     └─ 📁 utils/                          # 工具函数包
|        ├─ src/
|        |   └─ ...
|        ├─ package.json
|        └─ tsconfig.json
|
├─ 📄 配置文件
|  ├─ package.json                          # 根 package.json (Monorepo 配置)
|  ├─ pnpm-workspace.yaml                   # pnpm 工作空间配置
|  └─ ...
```

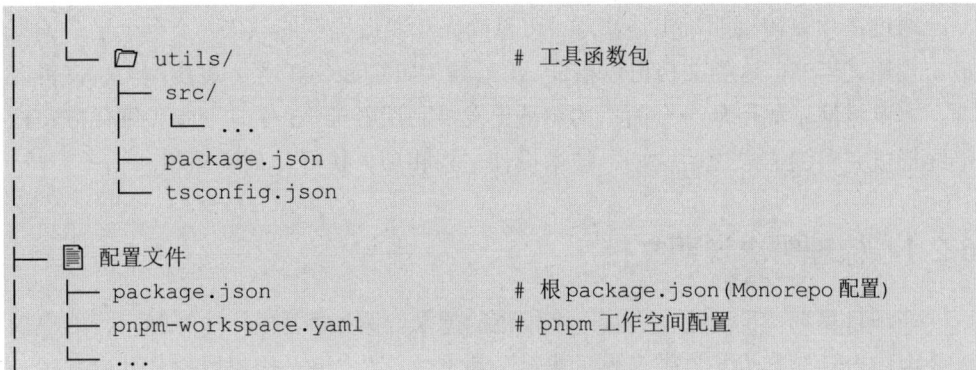

其中，关键目录包括：

- packages/server——用于存放 Node.js 后端代码，主要实现与 ChatGPT 的交互；
- packages/web——用于存放 Web 端代码，主要实现与用户的交互；
- packages/utils 与 packages/logger——均为工具类，用于存放前后端共享代码。

上述代码目录之间通过 pnpm 工作空间串联，形成一个 Monorepo 结构，这是在 Vibe 编程场景下重点推荐的一种代码管理模式，具有以下优点。

- 简化的代码管理：所有代码都驻留在单个仓库中，使得跨不同项目追踪变更、保持编码标准和实践的一致性以及确保适当的版本控制变得更加容易。
- 代码共享和可复用性：单个仓库使得在仓库内跨不同项目或组件共享和复用代码变得十分容易，并且大语言模型更容易获得完整代码上下文，从而更容易协助用户生成正确的代码。
- 降低校验成本：将所有代码集中在单个仓库中，只要配备适当的质检工具（如静态代码分析、自动化测试等），对于任何变动都可以快速验证全局有效性，这非常有利于快速校验大语言模型产生结果的正确性。

至此，我们已经在本地设置好了必要的环境，接下来进入项目需求梳理阶段。

6.2 项目需求梳理

Vibe 编程绝非盲目编程，与传统开发类似，在正式启动软件开发之前，非常有必要严谨地梳理清楚项目的功能需求和技术需求，至少应明确以下几个事项：

- 项目的核心功能及主要交互流程；
- 计划采用的技术栈，以及相关技术和非技术约束条件；
- 开发工作的优先顺序和大致推进计划。

通过在项目前期明确上述事项，可以确保开发过程有的放矢，不至于过多偏离最初预期。当然，这类文档可以借助 AI 工具（如 ChatGPT 等）逐步撰写、完善内容。本章将演示如何从一个简单的想法出发，利用各类 AI 工具一步步细化方案，最终形成完善的需求说明文档、技术设计文档和项目执行计划文档等。

6.2.1 梳理需求说明文档

在项目早期，我们往往只有一个模糊的想法，例如"开发一个系统，将用户输入的内容自动转换为小红书风格的卡片与配套文案"。这一构想虽然具备启发性，但尚不足以直接用于指导具体的系统设计与开发，而必须借助系统化的需求分析过程逐步细化，才能为后续的工程实践奠定扎实基础。

为了有效推动这一过程，我们建议结合大语言模型的能力，构造明确且专业的提示词，以获取结构化的需求草案。以下是一个推荐使用的提示词模板。

你是一个专业的软件需求分析专家，我准备开发一个 Web 系统，将用户输入内容转换为小红书卡片与文案，请围绕这一需求完善需求说明文档，文档中需要至少包含如下内容。

- **简介**：简要说明项目背景和目标，即"你要做什么"。
- **功能**：列出系统将提供的功能和界面（站在用户角度描述外部可见的行为）。
- **约束**：明确技术栈、性能要求、编码规范等限制条件。
- **其他细节**（可选）：对于特别复杂或需要严格控制的算法/实现，可在需求说明文档中注明关键细节或特定要求。

上述提示词在结构设计上具备良好的引导性与针对性。首先，通过角色设定，将大语言模型定位为"软件需求分析专家"，帮助模型明确其职责边界与输出风格；接着，提供清晰的任务指令，要求其围绕特定目标撰写一份完整的需求说明文档；最后，通过列举文档应包含的核心要素（如项目简介、功能描述、技术约束等），限定输出内容的范围与结构，从而确保生成结果既简洁又具备良好的可用性和可读性。

将这段提示词传入你所熟悉的大语言模型系统，如 ChatGPT，正常情况下系统会返回一段更完整的需求描述，示例如下。

```
# 小红书卡片与文案生成系统-需求说明文档

## 一、简介

### 项目背景
```

在内容创作领域，小红书已成为品牌营销和个人表达的重要平台。优质的图文内容是吸引用户和提升传播效率的关键。然而，许多创作者缺乏设计与文案编写能力，制约了其内容发布效率与质量。

项目目标
本项目旨在开发一个 Web 系统，用户仅需输入核心内容描述，即可自动生成风格统一、排版美观的小红书卡片图片，并配套合适的文案，帮助用户快速创作优质图文内容，实现从输入到发布的自动化。

二、功能说明

2.1 用户输入界面
- 支持文本输入，包括产品介绍、场景描述、卖点关键词等。
- 可选择生成内容类型（如种草文案、测评文案、生活记录等）。
- 可选择卡片风格（如清新、科技感、手账风格等）。
- 可预设图片（上传图片）或选择图像生成方式（如使用系统内置图标/SVG 插图等）。

2.2 文案生成模块
- 根据输入内容智能生成符合小红书文风的文案，具备以下特征：
  - 真实感与代入感强；
  - 口语化、共鸣式开头；
  - 标签化结尾（自动添加#话题标签）。
- 支持内容长度调节（短、中、长三档）。
- 支持多版本文案生成与切换。

2.3 卡片生成模块
- 自动生成小红书卡片图，支持以下内容元素：
  - 主标题（如产品名）；
  - 副标题（如使用场景）；
  - 图标或背景插图（可选）；
  - 风格化排版与配色。
- 输出格式为高清 PNG 或 SVG，可直接保存或上传。

2.4 预览与导出
- 实时预览文案与卡片合成效果。
- 支持一键下载卡片图和复制文案。
- 可导出为小红书草稿结构（JSON 或 Markdown）。

2.5 账号与历史记录（可选）
- 支持用户注册与登录（可使用电子邮箱或社交账号）。
- 查看历史生成记录与收藏文案。
- 对历史内容进行二次编辑与再生成。

三、约束条件

3.1 技术栈约束
- 前端：React + Tailwind CSS + TypeScript。
- 后端：Node.js（Express 或 Next.js API 路由）。
- AI 接口：OpenAI API（GPT-4o）或 Claude 3，用于文案生成。
- 图像生成：基于 SVG 的动态卡片渲染（不使用 DALL·E 或 MJ）。
- 数据库（如有需要）：SQLite/PostgreSQL（通过 Prisma 管理）。

3.2 性能要求
- 文案生成时延不超过 5 秒（正常网络情况下）。
- 卡片渲染时间不超过 1 秒。
- 系统支持日均 1000 次生成请求的访问压力。

3.3 编码规范与开发要求
- 使用 ESLint + Prettier 统一代码风格。
- 所有组件模块化，遵循单一职责原则。
- 开发环境支持自动部署（如 Vercel）。
- 所有 API 返回结构统一（包含 code/message/data）。
- 前后端接口通过 OpenAPI 规范文档化。

四、其他细节与特殊实现说明

4.1 文案生成提示词构建
为确保生成文案符合小红书语境，提示词设计中应：
- 明确要求模仿小红书博主语气（如"我最近发现……""强烈安利……"）；
- 指定文体（如种草、体验、对比）；
- 插入特定关键词及情感方向（如"温柔""科技感""提升幸福感"）。

4.2 SVG 卡片渲染规范
- 使用自定义组件库封装卡片模块，支持参数化传入标题、副标题、图标等。
- 字体需使用开源中文字体（如阿里巴巴普惠体）。
- 保证移动端尺寸适配（750px 宽度等比例缩放）。

　　从整体结构来看，经由大语言模型生成的初版需求说明文档往往已经具备一定的完整性与体系性，涵盖了功能说明、约束条件等多个关键要素。然而，尽管文档框架看似健全，但在准确性与实际适用性方面仍可能存在诸多问题，亟需人工进一步审查与迭代。以此示例为例，当前文档中尚存在如下较为明显的不足。

- 缺乏用户主流程描述。文档未能明确说明用户在系统中的核心操作路径，导致从用户视角难以理解系统的使用方式，也不利于前端与后端在功能实现上的配合。对此，应补充完整的用户主流程说明，包括用户如何进入系统、如何提交内容、系统如何调用大语言模型来处理用户输入、结果如何被解析与渲染为卡片形式等，提示词如下：

请补充完整的用户操作主流程说明，内容应充分解释用户进入系统后，如何提交内容，系统如何调用大语言模型，之后如何返回响应结果，并在界面上渲染出内容卡片等。

- 性能要求不具有现实意义。在 3.2 节中，文档提出了对系统性能的要求，但对于项目的早期阶段而言，性能优化并非优先考虑的事项，该部分内容可酌情删除，以避免不必要的预优化。
- 无用户系统需求。本阶段项目目标为提供一个无须用户账号体系的轻量化工具，因此与用户注册、登录、收藏等功能相关的描述亦可全部删除。

以上仅为部分典型问题，实际场景中还可结合具体业务需求进一步细化和修订。例如，若决定采用 SVG 渲染方式而非调用 DALL·E 等图像生成模型来进行卡片绘制，可在文档中明确该设计选择及其合理性（如更强可控性、无须外部服务依赖等）。但也需意识到，这类设计约束在后期可能会限制系统扩展性，读者可根据自身需求灵活调整或删除。

总之，需求说明文档不仅要具备形式上的完整性，更应在内容层面做到准确、清晰、无冗余。应尽可能详尽地阐明系统背景、核心问题、功能流程、技术选型与实施约束等关键内容。文档越具体、明确，后续开发过程中可能产生的返工与误解就越少，整体开发效率与质量也将显著提升。

6.2.2 梳理技术设计文档

在完成初步的需求说明文档之后，下一步工作是基于需求内容进一步撰写技术设计文档。需要特别强调的是，需求说明文档关注的是"做什么"，而技术设计文档的核心在于解答"怎么做"。前者定义系统的目标和外部行为，后者则决定实现路径与工程约束。为了确保后续 Vibe 编程流程中大语言模型生成的代码与实现方向始终保持一致，必须借助技术设计文档明确限定技术实现方案。

例如，技术设计文档可以用来约束特定的实现方式，如指定必须使用某项技术

（如技术 A），禁止采用某些不符合架构原则或项目定位的技术（如技术 B）；或者对系统的整体架构风格进行限定，例如明确前后端职责边界、无状态服务结构等，以避免模型在自动生成实现细节时产生发散性偏差。

与需求说明文档一样，技术设计文档的编写也可以借助大语言模型生成。推荐使用集成式 AI 开发环境（如 Cursor），它具备对代码与文档上下文的深度理解能力，能自动调用 Agent 模式来完成结构化的技术规划。只需将 6.2.1 节生成的需求说明文档内容粘贴到 Cursor 中并保存为文件（如 requirements.md），在 Cursor Agent 模式下输入如下提示词：

仔细阅读@requirements.md 文档，据此梳理出核心技术实现方案，内容应包含功能主流程、架构设计、更精细的技术栈选型等，将结果保存到 atech.md 文档。

即可生成一份详尽的技术设计文档，这里摘取部分关键内容。

```
#  小红书内容生成器-技术方案与实施计划


##  核心技术方案


###  1. 用户交互流程


```mermaid
graph TD
    A["📝 用户输入内容"] --> B{内容类型}
    B -->|文本| C["📄 文本输入框<br/>支持 Markdown"]
    B -->|文件| D["📎 拖曳上传 PDF"]
    ...
```


核心交互说明

🖐 输入阶段

...

🐷 智能处理阶段

...
...

2. 总体架构


```
```
```

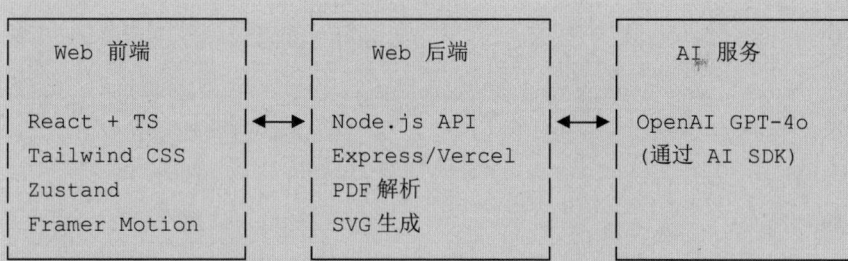

```
| Web 前端        |      | Web 后端          |      | AI 服务            |
|                |      |                  |      |                  |
| React + TS     | ←→   | Node.js API      | ←→   | OpenAI GPT-4o    |
| Tailwind CSS   |      | Express/Vercel   |      | (通过 AI SDK)     |
| Zustand        |      | PDF 解析         |      |                  |
| Framer Motion  |      | SVG 生成         |      |                  |
```
```

### 2. 技术栈选型

#### 前端技术栈

- **框架**: ...

#### 后端技术栈

- **运行时**: ...

#### AI & 数据处理

- **主模型**: OpenAI GPT-4o
- **备选模型**: Gemini, Claude (通过配置切换)
- **处理流程**: 文本分析 → 段落提取 → 标题生成 → SVG 模板渲染

### 3. 核心模块设计

...

### 4. 后端 API 设计

基于 packages/server 现有实现，后端提供以下 REST API。

#### 4.1 核心接口

...

#### 4.5 错误处理

...

#### 4.6 安全和限制

...

## 五、部署方案
```

```
### 5.1 前端部署（Vercel）
...

### 5.2 后端部署（Railway/Render）
...

### 5.3 性能优化
...


---


## 六、开发规范
...
```

　　虽然借助大语言模型能够快速获得结构化的技术方案草稿，但在实际应用中，初稿往往仍存在多处不符合实际开发节奏、忽略细节或存在误导的内容。因此，建议从完整性、准确性与必要性这 3 个维度，系统地评估与优化技术设计文档内容。例如本示例就存在以下若干明显问题。

- 过早引入测试与文档编写要求。在项目早期阶段，除非采用测试驱动的开发（test driven development，TDD）模式，否则无须急于引入完整的测试覆盖与详细开发文档。这类内容可在项目后期代码相对稳定时逐步补齐，因此建议将相关说明暂时移除，避免影响开发节奏与重点。
- 不应过早进行性能优化。早期的主要目标是构建出可运行的核心功能。在功能稳定前，任何关于性能调优、负载预估或资源优化的描述都是不必要的预优化，应删除相关段落，以确保技术设计文档聚焦于核心问题。
- 缺乏图像导出规范，影响成品质量。当前文档未明确导出图像的分辨率规格，可能导致图像质量不符合目标平台（如小红书）的展示标准，因此应补充如下规范内容。

布局系统
导出图片应遵循如下分辨率。
- 海报版：750×1334（9∶16）。
- 方形版：750×750（1∶1）。
- 横版：1080×608（16∶9）。

- 缺乏清晰的前后端代码结构规范。若不对工程结构加以约束，后续大语言模型生成代码时极易出现前后端逻辑混杂、模块耦合度高等问题，严重影响可维护性。因此应补充明确的项目结构说明。

这是一个基于 `pnpm Workspace` 的 `Monorepo` 工程架构，请补充规则，明确将后端代码保存到 `packages/server` 包中，将前端代码保存到 `packages/web` 包中，同时对于两端共享代码，保存到 `packages/utils` 包中。

- 其他潜在问题与改进方向。除上述问题外，还应逐项核查以下内容是否合理：
  - ➤ 架构设计是否符合当前功能目标（如是否过度抽象）；
  - ➤ 技术栈选型是否实际可行，有无高风险依赖；
  - ➤ 第三方服务调用（如模型 API）是否存在接口不明确或权限限制；
  - ➤ 是否有与项目定位不符的"扩展项"或"预留模块"，如有，需谨慎评估是否保留。

总而言之，编写技术设计文档的目标是为后续的自动化开发与协作提供统一、可操作的实施基线。应避免冗余、排除歧义、约束生成，力求准确、简洁、聚焦。一份经过充分审查的技术设计文档，不仅是高质量开发的起点，也将显著降低 Vibe 编程过程中的反复沟通与返工成本。

6.2.3 梳理项目执行计划文档

在有了初步的需求与技术设计文档之后，接下来还需要梳理第 3 份文档——项目执行计划。这里需要理解一点：大语言模型的上下文窗口（context window）存在长度上的严格限制。随着开发进度推进、代码量增加、对话内容不断扩展，AI 编程 Agent 所维护的上下文状态会逐步逼近模型支持的最大长度，一旦超出限制，将直接导致上下文截断，使模型遗忘早期关键信息，甚至引发任务崩溃。

虽然诸如 Cursor 之类的 AI 编程工具已内置若干应对策略，例如在适当时机调用 Cursor Small 模型对旧上下文进行语义压缩，以降低内存占用，但在面对周期长、复杂度高的开发任务时，上下文崩溃仍然面临高风险。而一旦会话崩溃，用户只能中断之前的任务，重启一个新的 Agent 对话，旧会话中随对话逐渐积累的知识被一次性清空，新会话中生成质量显著下降，Cursor（或其他 AI 编程 Agent）此时已经完全忘记最开始的任务，失去了完整的历史上下文。

为此，需要一种长期记忆机制，使得即使模型"失忆"或会话中断，也可快速"回忆"项目任务、定位当前进度、恢复开发状态。同样，这也可以借助大语言模型完成。

仔细阅读@`tech.md` 与@`requirements.md` 文档，帮我规划一个项目执行计划文档，我期望先完成后端接口体系开发，再逐步执行前端开发；另外，每个任务项需要用[ ]标记执行状态，在后续的对话过程中，一旦完成某个任务项就标记为[x]，将结果保存到 `docs/plan.md` 文档中。

这里有以下两个小技巧。

● 明确要求使用 Markdown 的[ ]语法标记任务状态，这会让 Cursor 进入一种"有状态"模式，能更快理解任务进度。

● 明确要求先完成后端接口体系开发，因为在我们的项目中，后端相对容易实现，因而能更快结束任务。

将上述提示词输入 Cursor 中，可生成项目执行计划文档，示例如下。

```
# 小红书卡片与文案生成系统-项目执行计划

## 项目概述
...

---

## 第一阶段：项目初始化与环境配置

### 1.1 项目基础设置
...

### 1.2 开发环境配置
...

---

## 第二阶段：后端核心开发

### 2.1 基础架构搭建

- [ ] 初始化 Express 应用和中间件配置
- ...

### 2.2 AI 服务集成

- [ ] 安装 Vercel AI SDK 相关依赖
- ...

### 2.3 文案生成核心功能

- [ ] 设计并实现 提示词 模板系统
- [ ] ...
```

2.4 API 开发

...

第三阶段：前端核心开发

3.1 前端基础架构

...

第四阶段：集成测试与优化

4.1 前后端集成

...

第五阶段：部署与上线

5.1 部署准备

...

第六阶段：后续迭代与扩展

6.1 功能增强

...

里程碑时间节点

- **第一阶段**：项目初始化（1-2 天）
- **第二阶段**：后端开发（5-7 天）
- **第三阶段**：前端开发（5-7 天）
- **第四阶段**：集成测试（2-3 天）
- **第五阶段**：部署上线（1-2 天）
- **第六阶段**：迭代优化（持续）

```
**总预计开发周期**：2—3 周

---

## 注意事项

1. **API key 安全**：...

---
```

对此生成结果也需进行严格审查，避免引入不合理或多余的内容。例如，这一项目执行计划文档中仍存在若干明显问题。

- 不必要的时间预估。文档中虚构了若干"时间"项，如"总预计开发周期：2—3 周"等，这类内容在 Vibe 编程模式下并无实际参考价值，反而容易误导 AI 生成进度控制逻辑，因此应当全部删除。

删除所有具体的"时间"定义，例如文档中的**总预计开发周期**：2—3 周。

- 无效的扩展设想。例如，"6.3 技术升级"一节（书中未展示）罗列了若干可能的优化方向与未来技术选型，这类预设在当前阶段并不具备实际意义，且会徒增上下文复杂度，建议整体删除。

完成上述修订后，即可获得一份结构合理、聚焦明确的项目执行计划文档。结合前述的需求说明文档与技术设计文档，开发准备工作已基本就绪，可正式进入 Vibe 编程实施阶段。

6.3 后端开发

完成 6.2 节所述的项目需求梳理工作后，我们已整理出以下 3 份核心文档。

- requirements.md（需求说明文档）：用于明确产品目标、功能边界、主要交互流程，以及关键的技术与非技术约束条件。
- tech.md（技术设计文档）：明确技术栈选型、核心架构方案及实现过程中的技术约束。
- plan.md（项目执行计划文档）：划分开发阶段，定义执行顺序，为 AI Agent 提供上下文线索，保障任务推进的连续性与可控性。

至此，项目准备工作已基本完成，接下来正式进入编码阶段。本项目的目标是实现一个"小红书内容生成器"，系统整体上由以下两部分组成。

- 前端 Web 系统：负责与用户交互，提供内容输入与卡片预览界面。
- 服务器端系统：负责与大语言模型对接，处理文本生成与图片渲染请求。

架构上，这两部分在代码层面保持解耦，仅通过标准 HTTP 接口进行通信。考虑到后端服务相对简单，实现重点集中在封装大语言模型交互逻辑，因此本次开发将优先从后端服务系统着手。接下来将围绕后端部分展开，逐步实现核心接口与关键功能模块。

6.3.1 实现思路

根据 6.2 节的设计方案，后端服务将采用以下技术栈实现。

- 语言与运行环境。使用 JavaScript 编写，运行于 Node.js 环境。
- 服务器端框架。采用 Express。尽管在现代 Web 开发中，Express 已非最先进的选择，但其历史悠久、社区庞大、文档完善，意味着训练大语言模型时相关语料更多，AI 对其理解更深入，生成的 Express 相关代码质量更高。
- AI 接口框架。选用 Vercel AI SDK。该框架是当前 JavaScript 生态中为数不多的专用 AI 软件开发工具包（software development kit，SDK），相比于 LangChain，其接口设计结构更清晰易懂，适用于快速构建大语言模型调用逻辑。注意，由于 Vercel AI SDK 是一个比较新的框架，大语言模型的训练数据中缺乏相关信息，因此初期生成结果可能不准确。

为了解决上述问题，推荐引入一个实用技巧——llms.txt 文档机制。这是为大语言模型交互所设计的专用知识注入通道，读者可访问 https://ai-sdk.dev/ llms.txt（内容示例见图 6-8），将其内容复制至本地项目目录下（建议路径如 docs/llms/vercel-ai-sdk.md），后续在 AI 交互中可通过文件引用的方式引导模型理解 Vercel AI SDK 的使用方式，从而显著提升生成代码的准确性与一致性。

在上述技术架构基础上，根据 tech.md 中的接口设计要求，后端服务需对外提供如下接口。

- 基础服务接口：
  - ➢ GET/health——服务健康检查；
  - ➢ GET/api——获取 API 基础信息和可用端点。
- 内容处理接口（/api/content）：
  - ➢ POST/api/content/parse-text——解析纯文本内容，提取段落结构和元数据；
  - ➢ POST/api/content/parse-pdf——解析 PDF 文件，提取文本内容并分析结构。

```
---
title: Node.js HTTP Server
description: Learn how to use the AI SDK in a Node.js HTTP server
tags: ['api servers', 'streaming']
---

# Node.js HTTP Server

You can use the AI SDK in a Node.js HTTP server to generate text and stream it to the client.

## Examples

The examples start a simple HTTP server that listens on port 8080. You can e.g. test it using `curl`:

```bash
curl -X POST http://localhost:8080
```

<Note>
  The examples use the OpenAI `gpt-4o` model. Ensure that the OpenAI API key is
  set in the `OPENAI_API_KEY` environment variable.
</Note>

Full example: [github.com/vercel/ai/examples/node-http-server](https://github.com/vercel/ai/tree/main/examples/node-http-server)

Data Stream

You can use the `pipeDataStreamToResponse` method to pipe the stream data to the server response.

```ts filename='index.ts'
import { openai } from '@ai-sdk/openai';
import { streamText } from 'ai';
import { createServer } from 'http';

createServer(async (req, res) => {
  const result = streamText({{
```

图 6-8　llms.txt 示例

- AI 分析接口（/api/ai）：
  - POST/api/ai/analyze——使用 AI 分析文本内容，生成小红书风格的段落卡片；
  - POST/api/ai/titles——根据文本内容生成多个小红书风格的标题选项；
  - POST/api/ai/cards——将分析后的段落数据转换为可视化卡片格式。
- 内容导出接口（/api/export）：
  - POST/api/export/markdown——将卡片数据导出为 Markdown 格式文件；
  - POST/api/export/json——将卡片数据导出为 JSON 格式文件。

整体接口调用逻辑如图 6-9 所示。

图 6-9　接口调用时序

充分理解后端服务的职责与接口体系后，即可进入编码阶段。

6.3.2　开发后端服务程序

接下来，我们只需在 Cursor 中输入适当的提示词来驱动开发。

仔细阅读@requirements.md 与 docs 目录下的技术文档，开始帮我按项目执行计划文档@plan.md 一步步编写代码，请专注于业务编码，不需要编写单元测试代码；请将代码保存到 packages 目录下，并优先完成服务器端的开发。
```

Cursor 将自动完成一系列关键开发操作，包括但不限于：

- 初始化系统结构（如生成 package.json、tsconfig.json 等配置文件）；
- 按照 tech.md 中的规划，逐层构建系统，包括接口定义、业务逻辑实现、工具模块与日志封装等。

这些关键开发操作通常持续数分钟，最终很可能会得到一份结构完整、可直接运行的基础代码，此时即可尝试启动项目，以验证系统是否正常工作。启动前需完成以下两步：

（1）执行 pnpm i 命令来安装项目依赖；

（2）查阅 package.json 中的命令定义，确定启动指令，本章示例中的启动指令为图 6-10 所示的 dev 指令。

图 6-10　package.json 样例

确定启动指令后，只需在命令行中输入 OPENAI_API_KEY=sk-proj-xxx npm run dev 即可启动系统，其中 OPENAI_API_KEY 值是 6.1.1 节申请的 ChatGPT API key。如果启动失败，命令行一般会输出详尽的错误消息，如图 6-11 所示。

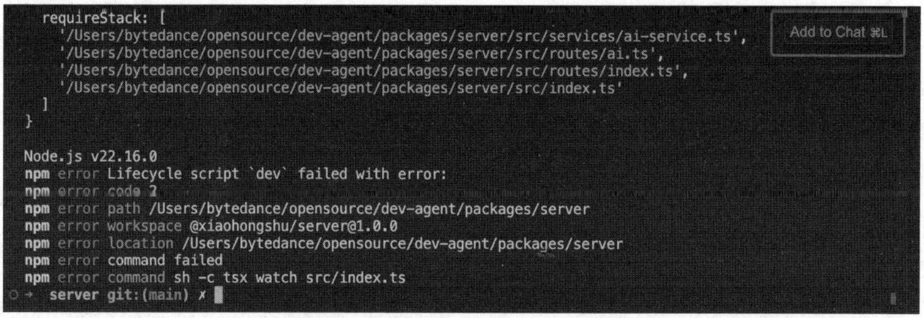

图 6-11　使用命令行环境的 Add to Chat 命令

注意，AI 首次生成的内容可能并不完整，或存在代码谬误、语法错误等，导致启动失败，具体的错误原因多样，无法一一列举，但我们可以借助 Cursor 自动修复这类错误。可点击图 6-11 所示的命令行错误界面右上角的 Add to Chat 按钮，然后在 Agent 面板中输入如下提示词。

修复命令行报错。

Cursor 将尝试分析并修复相关错误，如果首次修复未成功，可多次重复操作，以逐步收敛问题范围。如果多轮尝试后仍未解决，可考虑切换至更高性能的模型（如 Claude Sonnet 4 的 Max 版本），或根据错误日志搜索解决方案并进行手动修复。

6.3.3　代码审查

在初步生成代码后，接下来需要先对代码做一次简单的代码审查，这是非常必要的，因为经代码审查后一般可以总结出不少问题。5.3 节已经总结了许多代码审查规则与技巧，此处不再赘述，建议在审查服务器端代码阶段聚焦以下几个方面。

- 审查日志是否完善，例如各类核心流程中是否包含足够丰富的日志，以暴露足够详细的运行信息，假设存在这类问题，可使用如下提示词优化。

仔细阅读当前代码，在主流程的核心位置适当补充日志，充分暴露系统的运行状态。

- 审查实际生成的接口是否匹配 tech.md 中的规划。这一步是必要的，接口可以多，但不能少或发生变动，否则会使上下文产生信息谬误，影响后续代码的生成质量。假设存在这类问题，可使用如下提示词优化。

优化 xxx 接口，请严格遵从@tech.md 文档的规划，使用 xxx 路径暴露服务接口。

- 审查错误处理是否合理，特别是切忌过度防御，该抛出异常时必须抛出异常，让系统能快速中断，以免影响后续的业务状态。假设存在这类问题，可使用如下提示词优化。

优化 xxx 文件的错误处理方式，直接抛出异常。

- 审查技术栈选型是否匹配 tech.md 中的规划，特别是不要引入不必要的复杂度，例如经常会遇到 Cursor 自作主张引入 fs-extra 库，但事实上使用原生的 fs/promises 库反而简单许多。假设存在这类问题，可使用如下提示词优化。

去除 xxx 库，后续也不允许使用；请使用 xxx 库代替。

- 审查代码是否符合你的技术品味。这也是一个非常常见的问题，我们在开发过程中通常不会预设过多开发规范，AI 会自行发挥，直至审查时才发现问题，此时建议不要妥协，而是做以下两个动作。

  ➢ 使用 Cursor 的/Generate Cursor Rules 命令生成新的技术规范文档，如图 6-12 所示。

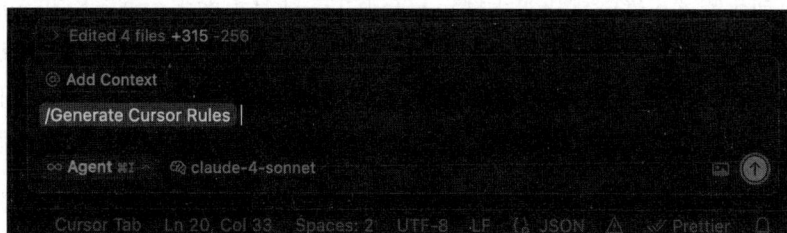

图 6-12　自动生成 Cursor Rules

  ➢ 要求 Cursor 根据新的技术规范文档优化当前代码。提示词如下。

根据@.cursor/rules/xx-rule.mdc 规则优化代码，减少所有 xxx 情况。

注意，如果代码审查过于仔细，在实际场景中发现的问题会非常多，要逐个解决的话，会把大量的时间花费在前期并不稳定的代码的优化上，这是不必要的。建议读者合理取舍，只要不是无法容忍的严重问题，就适当略过，在前期将更多注意力放在功能开发与测试上。

总之，代码审查阶段还处于项目早期，后续必然还有大范围的重构和优化，因此，此时不必过于关注代码质量。

6.3.4　接口测试

假设前面步骤生成的代码能正常启动运行，接下来我们将面临另一个问题：如何确定这些代码的功能逻辑是否按照预期执行？由于目前还未构建可视化的 Web 前端系统，我们还无法直接调用接口，因此无法直观观测代码行为。

在软件工程领域有一个"左移"概念，简单来说就是应该尽可能在软件生命周期的前期做质量检测，越早发现问题则修复成本越低。这一规则同样适用于 Vibe 编程方法论，因此我们需要在完成 Web 系统之前尽可能完整地测试接口质量。为了达成测试目标，可以继续让 Cursor 编写测试脚本，测试核心接口行为，提示词如下：

仔细阅读 packages/server 代码，理解其中的核心接口，之后编写一段接口调用脚本，测试接口行为与稳定性。

需要在运行服务器端程序后执行 Cursor 生成的这类测试脚本，通过脚本日志以及接口的输入输出映射来确定接口是否能正常运行。你也可以继续跟 Cursor 交互，生成更多接口测试用例，直至你充分了解系统当前的运行逻辑。

不过，这个阶段的测试并不只是为了测试，更多是为了让你了解系统的运行逻辑。因此，并不适合引入过多的自动化测试逻辑，因为后续还会继续大范围迭代优化，当下做的自动化测试、性能优化等大概率都会返工。还是上面那个逻辑：在 Vibe 编程模式下，项目早期应该将更多注意力放在功能迭代上，所有测试、优化都应后置。

此外，不太建议采用 TDD 模式，这是一种测试驱动的开发方法论，可以从结果倒推实现，天然适合 Vibe 编程，但 TDD 概念本身过于抽象，没有深厚编码基础的人很难掌握，也很难真正提效，因此更推荐采用传统的开发方案。

6.3.5　补充完善更多功能

复杂项目的开发过程从来不是一蹴而就的。虽然借助大语言模型可以快速生成可运行的原型代码，但首次生成的结果往往难以完全契合项目的实际需求。尤其在需求复杂度较高的场景下，AI 所理解的意图与人类开发者的真实预期间常常存在明显偏差。

服务器端初版代码虽然结构完整、接口齐全，但在关键细节上仍存在严重问题。例如在"小红书内容生成器"的实现过程中，/api/ai/cards 接口的设计初衷是将分析后的段落结构进一步加工，生成具备小红书风格的卡片内容，具备语义完整性、视觉逻辑一致性与风格一致性。然而，AI 在初次实现时，仅对原始段落文本进行了简单的语义切割与重组，并未为每一张卡片调用大语言模型来进一步生成高质量文案或视觉指引，导致生成的内容缺乏创意与上下文适应性，这显然偏离了我们设定的核心目标。

这种情况在使用 AI 驱动开发的过程中并不少见。AI 可能会"形式上完成任务"，却遗漏了语义层面更深层次的工作逻辑。为此，需要继续迭代优化。

> 仔细分析/api/ai/cards 接口代码，目前的实现里并没有调用大语言模型生成卡片内容，请优化。流程上需要基于用户输入，先确定拆解成多少张卡片，每张卡片表达什么内容，然后调用大语言模型优化内容输出。

这里的重点是，你需要理解 AI 只是一个高效的执行者，而人类则更多扮演规划者和监督者的角色，负责提供清晰的需求规范、设计意图和约束边界，并对 AI 生成的代码进行审查把关。这意味着前置需求描述的任何遗漏或疏忽都可能导致缺陷，因此务必始终保持耐心，通过代码审查、接口测试等手段找出问题所在，特别是功能上的遗漏，之后不断迭代优化，让系统逐渐完善。

6.4 Web 端系统开发

完成后端接口服务的搭建之后，需要继续迭代面向用户的 Web 系统。在 Vibe 编程模式下，Web 端系统的开发复杂度一般比服务器端系统高出不少，这种复杂度并非源于业务逻辑本身，而是更大程度上归因于以下两个方面。

- Web 技术栈本身呈现出高度的工具化与生态碎片化。现代 Web 端开发不仅涉及 HTML、CSS、JavaScript 等语言，还包括构建工具、模块系统、组件框架、样式系统和响应式设计模型等多个层面的协作与配置，这些环节意味着更大量的上下文需求，本身就形成了显著的认知负担。
- 后端接口可以通过 curl 命令、Postman 工具或后端日志输出等手段进行行为验证，Web 端的行为验证则更依赖人机交互界面及浏览器中的可视化反馈。当前阶段的大语言模型工具（如代码生成器或 AI Agent）尚难以对页面行为进行准确的感知与反馈，导致大语言模型在 Web 端开发中的辅助效能不如在服务器端场景中显著。

综上，我们需要借助更多工具，使用更复杂的提示词来更高效地完成 Web 端系统开发。

6.4.1 实现思路

在启动开发之前，我们先来简单总结页面的交互逻辑。针对示例项目"小红书内容生成器"，结合 6.2 节梳理的各项文档，本项目采用了一套现代化的 Web 端技术组合，力求在可维护性、响应速度与开发体验三方面取得平衡。核心技术栈的主要技术组件及其职能如下。

- Tailwind CSS：原子化 CSS 框架，用于构建灵活、统一的页面样式体系。相较传统 CSS 或 CSS-in-JS 方案，Tailwind CSS 更加轻量且便于组合，有利于在 Vibe 编程模式下快速搭建 UI 原型。
- Vite：新一代 Web 端构建工具，具有极速冷启动和按需编译能力，能够显著提升开发效率，尤其适合多模块协作和组件预览式开发场景。
- React：组件化视图构建框架，负责页面的声明式 UI 表达，React 的 Hooks 系统与 DOM 能够很好地支撑状态驱动的动态交互流程。
- shadcn/ui：基于 Radix 与 Tailwind 封装的 UI 组件库，具备可访问性好、样式一致性强的优势，能够减轻 UI 实现负担，提升视觉一致性。

- Zustand：轻量级状态管理库，适用于中小规模项目中的全局状态与页面状态控制，在本项目中主要用于控制提示词、加载状态与生成内容的共享管理。
- TypeScript：类型增强的 JavaScript 语言子集，为项目带来更强的类型约束与自动补全能力，在 AI 协助编码的上下文中，TypeScript 能有效减少生成代码中的语义偏差。

在此基础上，我们预期构建一套基于对话形式的人机交互界面，整体交互逻辑参考 ChatGPT 的使用模式，形成以用户输入为触发、以内容生成为反馈的流程闭环，核心交互流程主要分为以下 3 个阶段。

（1）默认状态页。页面加载完成后，默认展示一个对话输入框，如图 6-13 所示。用户可输入提示词，触发内容生成请求。

图 6-13　Web 系统默认状态

（2）中间过渡页。用户输入提示词后，页面需进入加载状态（见图6-14），主要用于提示系统运行状态，避免无解。

图 6-14 加载状态页

（3）结果展示页。服务器端生成内容后，页面需将返回结果以结构化形式展示，展示内容包括小红书风格的内容卡片、生成的标题与文案等（见图6-15），此页还应支持内容导出功能，为用户提供素材留存或复用能力。

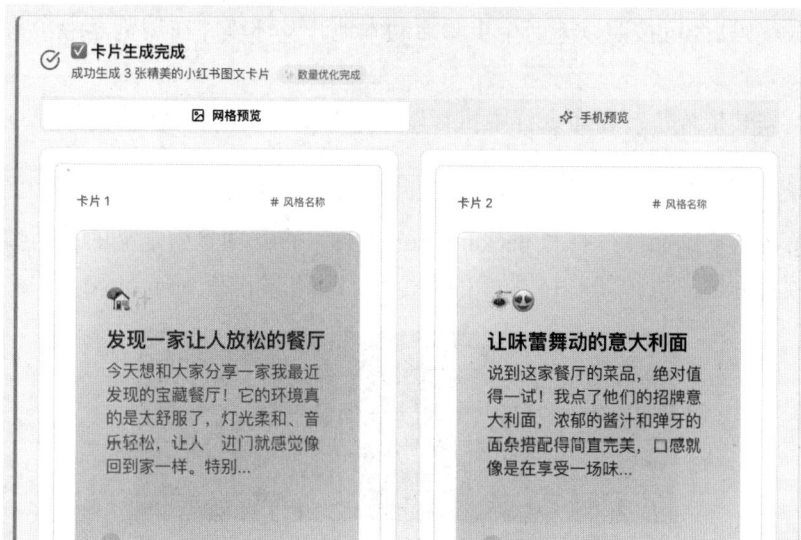

图 6-15 结果页

通过上述3个阶段的衔接，形成了完整的提示词→加载→结果的交互闭环，为后续功能拓展与模型对话增强打下了良好的结构基础。

6.4.2 开发 Web 页面

在完成前期页面交互逻辑的设计与技术选型之后，接下来可借助 Cursor 开发 Web 页面内容，例如可用如下提示词启动开发。

仔细阅读@requirements.md 与 docs 目录下的技术设计文档，开始帮我按计划文档@plan.md 一步步编写代码，请专注在业务编码上，也不需要编写单元测试代码，将代码保存到 packages 中。

请完成 Web 页面开发，优先构建静态页面，所有外部数据暂时使用模拟数据实现，聚焦在页面静态效果、流转效果等可视层面的开发上。

在正式对接后端接口之前，建议先使用模拟数据构建静态页面。这一做法能够有效控制当前开发任务的复杂度，减少可能影响结果的"变量"，有助于提升开发效率。

接下来，Cursor 将根据 plan.md 中所设定的开发计划，逐步完成页面的代码构建工作。在这个过程中，开发者只需保持对生成代码的观察，并在必要时进行微调或引导。整个过程通常在数分钟内完成，最终可输出一套结构清晰、可直接运行的基础项目结构。

生成代码后，可按照以下两个步骤启动本地开发环境并在浏览器中预览页面渲染效果。

（1）安装依赖包：在命令行中执行以下命令，完成依赖包的安装。

```
pnpm install
```

（2）确认启动命令：打开 package.json 文件，查阅项目中定义的启动脚本。以本示例项目为例，执行图 6-16 所示的命令，启动开发进程 npm run dev。

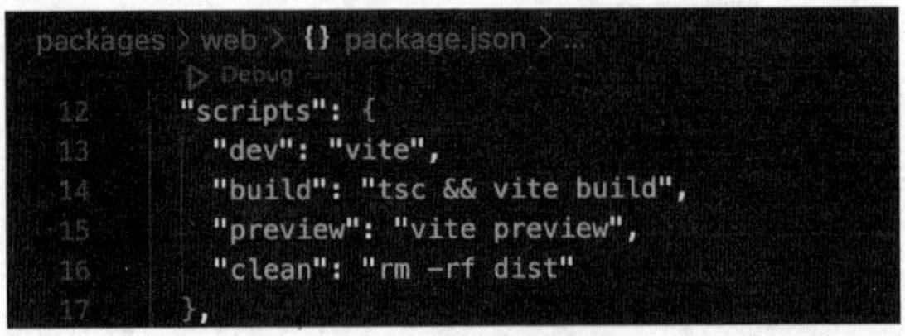

图 6-16　启动命令示例

同样，初次运行时可能会因语法错误、依赖未安装或路径错误等原因而启动失败。此时可遵循 6.3 节所示流程，点击命令行界面右上角的 Add to Chat 按钮，将错误日志发送至对话窗口，请求 Cursor 自动修复。

一旦开发服务器成功启动，只需在浏览器上用命令行输出的地址（见图 6-17）

访问本地服务，即可实时查看页面渲染效果。

图 6-17　启动效果

6.4.3　代码审查

与后端开发相同，在进入页面调试与运行阶段之前，强烈建议开发者先完成一次系统性的代码审查。这一过程不仅有助于尽早发现潜在 bug，还有助于保障页面结构稳定性与后续可维护性。

与后端开发中的日志结构、错误处理等方面的审查类似，Web 页面开发也存在一系列典型问题，以下几类结构性问题尤为常见，建议在此阶段重点排查。

- 组件层级混乱。AI 倾向将所有逻辑集中在一个大组件中，无清晰的分层，一个组件中混杂视图渲染、状态管理与异步处理等逻辑，导致可读性、可维护性差。判定组件层级是否混乱的一个简单标准是：如果组件代码超过300 行，就认为组件违背了"单一职责原则"，建议使用如下提示词进行优化。

@xxx.tsx 组件过于复杂，请做好子组件拆分，保持单一职责。

- 无边界处理。软件工程领域有一个流传甚广的说法：不要相信任何外部数据源。AI 在生成视图代码时，往往默认数据稳定存在，未对 null（空值）或 undefined（未定义）等边界情况进行处理，而这容易导致页面错乱甚至系统崩溃。因此，在接收外部数据或异步接口响应后，务必增加空值判断与容错处理，并在异常状态下回退为占位内容或错误提示，提示词如下。

@xxx.tsx 组件中的变量 xx 和 yy 存在为空的可能，请添加空值判断逻辑，并渲染空状态提示或默认占位图。

- 滥用 CSS。原生 CSS 通过具体属性的键值对来表达页面元素的视觉效果，但这种方法对 AI 而言上下文复杂度较高，容易犯错，而 Tailwind 则通过各种原子类名来表达某类样式的规则集，信息更聚焦且更容易被 AI 理解，因此在项目设计的技术规划中，期望尽可能使用 Tailwind 表达样式效果，提示词如下。

@xxx.css 文件中 CSS 样式代码占比过高，请尽可能调整为使用 Tailwind 实现。

- 缺乏中间状态。优质的用户体验不仅依赖正确的内容渲染，还应包含合理的中间状态与异常状态处理。因此，当页面进入加载状态或出现异常（接口异常、数据异常、资源加载异常等）时，需要在页面上渲染中间过渡页面效果，帮助用户理解当前系统状态。

请优化@xxx.tsx 组件的状态处理逻辑：首次进入时添加骨架屏，局部数据加载中加入加载状态，当接口或数据出错时使用弹窗或视图组件提示异常消息。

与后端开发相似，此阶段的审查不必追求代码的完美，也无须对所有细节进行重构或抽象。此阶段的核心目标在于：

- 保证结构合理、逻辑清晰，便于后续迭代与协作；
- 使组件间职责明确、数据流稳定；
- 保持整体复杂度在可管理范围内，避免过早优化。

换言之，开发者应关注代码是否写得"通透"，而非写得"高深"。只要结构清晰、逻辑封闭，AI 就可在未来的维护周期中继续辅助完善代码。

6.4.4　让 AI 按预期输出 Web 页面

在完成初步的代码审查与结构优化之后，开发流程进入新阶段——页面调试。此阶段的核心任务是运行生成的页面，检查其在真实浏览器环境中的实际渲染效果，并根据观察结果驱动进一步的修复工作。

然而，调试过程往往并不顺利，在 Vibe 编程场景中，视觉层面的问题尤为常见。例如，在"小红书内容生成器"项目早期生成版本中，页面首次运行时呈现出的效果相当粗糙，各个组件仅展现出浏览器默认样式，毫无布局与美观可言。整个页面仿佛只是未经任何设计的 HTML 静态结构，缺少颜色、排版、边距等所有应有的 UI 元素，如图 6-18 所示。

这类问题的根因并不在于功能缺失，而在于生成的代码未能正确绑定样式体系，Tailwind 配置失效或组件结构未引入预期样式资源等技术细节造成了渲染缺陷。

在传统的开发流程中，这类样式错误通常可以通过浏览器的开发者工具快速定位并修复。但在 Vibe 编程场景，我们更希望由 AI 工具来完成修复任务，其难点在于 Cursor 这样的 AI 工具与浏览器是两套完全割裂的系统,它无法像开发者那样直接"看到"浏览器中的渲染效果,更无法自动识别视图层出现的问题。因此,如果希望借助 Cursor 修复此类前端 UI 问题,关键在于如何将浏览器的当前状态告诉它,让 Cursor 获得足够的信息来进行分析与决策。具体而言,可以考虑使用以下两种方式实现这种信息通路。

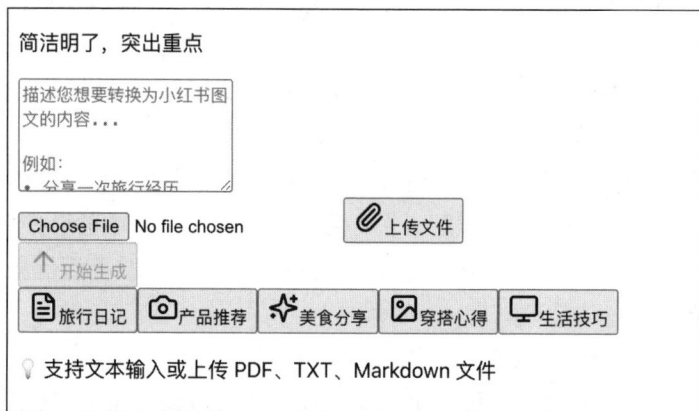

图 6-18 "小红书内容生成器"项目早期生成版本的页面内容

1. 使用浏览器截图

要让 Cursor 理解浏览器中的运行状态,最直观且最易操作的方式就是直接将浏览器的截图发送给 Cursor,由其根据图像内容推断当前页面的结构与问题,并据此执行后续的代码修复任务。这种方式虽然信息维度有限,但操作流程极为简单,几乎没有额外的学习成本,适用于对样式问题的初步排查。

例如,在前文的异常示例中,我们可以直接将图 6-18 所示的页面渲染缺失样式的截图粘贴到 Cursor 的对话框中(见图 6-19),由其判断是否存在样式文件未导入、组件未挂载、DOM 结构异常等问题,并尝试生成修复补丁。

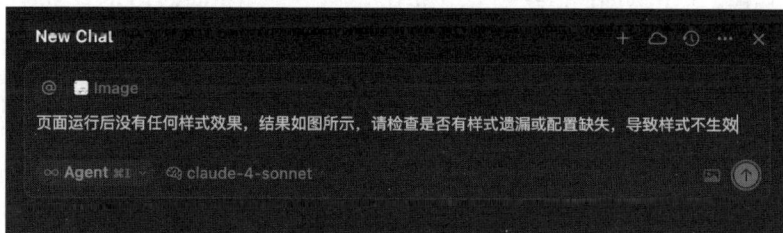

图 6-19 使用浏览器截图

然而,由于 Cursor 底层依赖的是 Claude、GPT 等大语言模型,这类模型虽然在处理自然语言内容、编写逻辑结构、分析文本上下文等任务上具备显著优势，但在图像识别与图形语义理解方面仍存在天然短板。即便模型具备初步的图像处理能力，其对于页面细节、组件状态乃至布局错位等问题的感知也远不如真实开发者借助开发者工具的处理结果准确。

从本质上讲，图像交互是一种"低语义密度"的提示手段，适用于解决一些结构明显、错误类型明确的基础问题，如按钮样式未生效、整体页面空白、字体颜色错误等显性异常。一旦涉及组件状态错乱、复杂逻辑未触发、响应式布局紊乱等较高层级的问题，单纯依赖截图就显得捉襟见肘，甚至可能误导模型产生错误判断，结果反而增加了调试成本。

因此，可以说浏览器截图方式适合处理"静态页面异常的快速反馈"，而不适合处理"动态行为复杂的逻辑错误"。它可称为开发者工具箱中的一把轻巧的扳手，但不是万能钥匙，对于复杂场景，我们更推荐使用 MCP 获取页面信息，以帮助模型更深入地理解页面上下文。

2. 使用浏览器 MCP 服务

除截图外，还有一种更高效、更结构化的方式可以向 Cursor 传递浏览器的运行状态，那就是通过 MCP 服务读取页面的结构信息。这种方式的核心优势在于，它不再依赖图像识别或截图推断，而是通过浏览器原生接口直接访问页面的结构化内容——DOM 文档，这是一种专门用于表达浏览器内容结构的标准规范，能以层级树的形式描述页面的节点元素、样式状态与脚本行为。

由于大语言模型擅长处理结构化文本内容，对 DOM 数据这类"半结构、半语义"的输入的理解能力远胜于理解图像，因此使用 MCP 提供页面上下文不仅准确率更高，响应也更可靠，尤其适合处理复杂交互、多组件嵌套或多状态切换的页面调试任务。

目前市面上已有若干浏览器 MCP 实现方案，其中较为推荐的是 BrowserTools。它是一款专为 AI 应用设计的浏览器控制中间件，支持在模型与真实用户浏览器环境间建立标准化通信。与 Playwright 等"自动化浏览器"不同，BrowserTools 能直接复用用户当前已登录的浏览器环境。这意味着 AI 可以在无须模拟或登录的前提下，直接在真实页面中进行操作，如导航跳转、表单填写、数据提取、样式检查乃至性能调试等。

相对地，BrowserTools 的部署过程略为烦琐。使用时需要完成插件下载、浏览器安装、命令行服务启动、Cursor 中的 MCP 配置等一系列步骤。虽然初次使用 BrowserTools 时会产生一定的学习与配置成本，但一旦完成连接，其在真实项目调试场景中展现的强大功能将显著提升开发效率。BrowserTools 的配置流程包括以下 6 个步骤。

（1）下载插件。进入 BrowserTools Github Release 页面（https://github.com/AgentDeskAI/browser-tools-mcp/releases），下载浏览器插件，如图 6-20 所示。

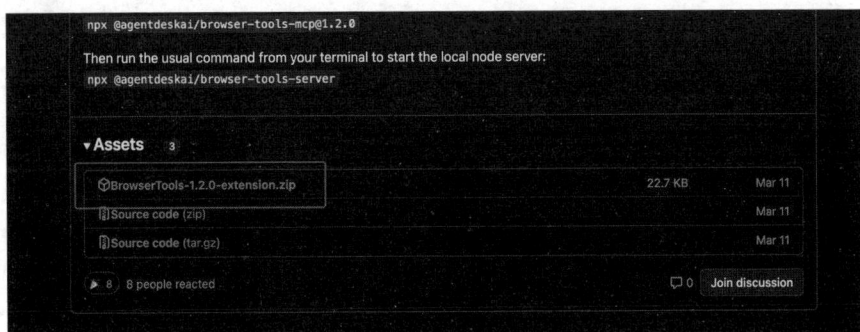

图 6-20 下载 BrowserTools 插件包

（2）安装插件。解压缩下载的插件压缩包，使用 Chrome 浏览器打开 chrome://extensions/页面（如图 6-21 所示），点击 Load unpacked 按钮加载并安装插件。

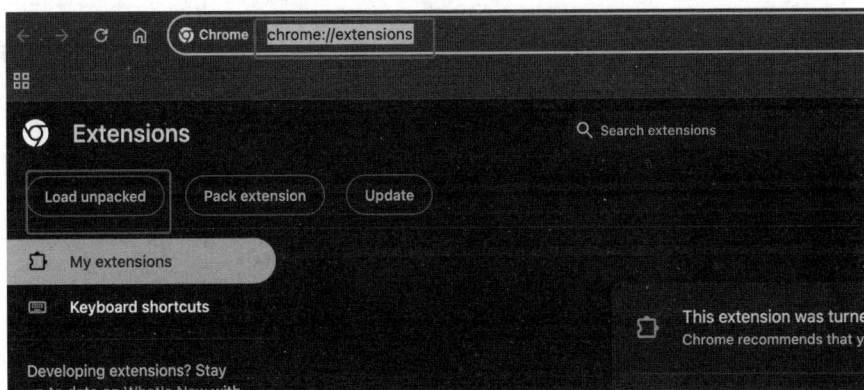

图 6-21 安装浏览器插件

（3）启动 MCP。打开命令行终端，输入如下命令。

```
npx -y @agentdeskai/browser-tools-server@latest
```

（4）配置 MCP。进入 Cursor MCP 配置页面，点击图 6-22 所示的 Add Custom MCP，将如下配置信息录入弹出的编辑器中。

```
{
  "mcpServers": {
    "browsertools": {
      "command": "npx",
```

```
    "args": ["-y", "@agentdeskai/browser-tools-mcp@lastest"]
  }
 }
}
```

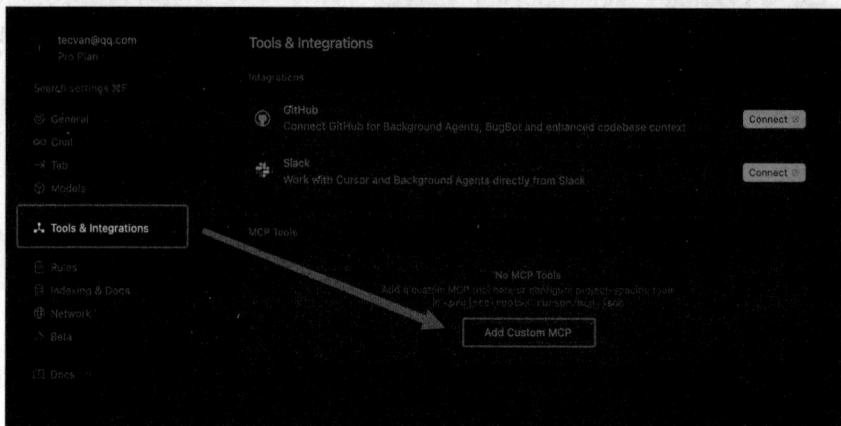

图 6-22 配置 MCP

（5）在需要测试的浏览器标签页中，按 F12 键，开启开发者工具，如图 6-23 所示。

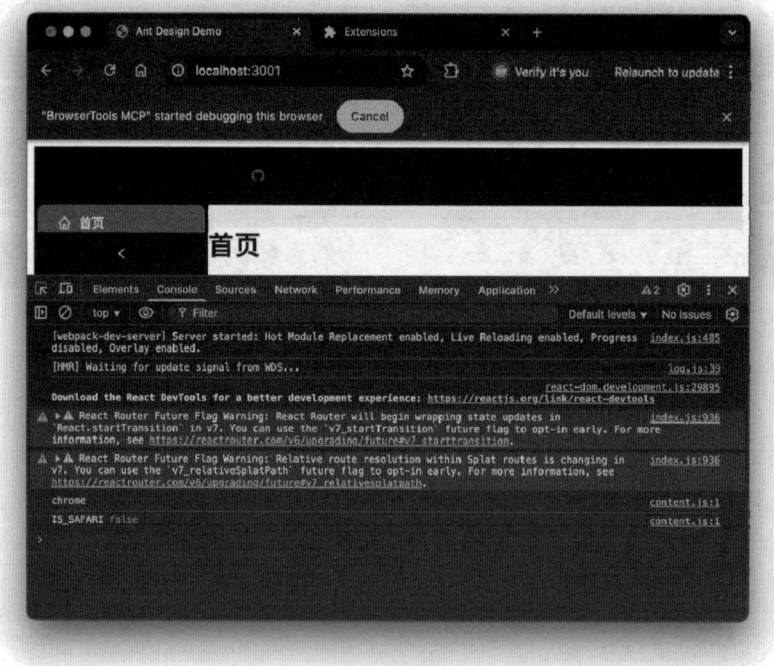

图 6-23 Chrome 开发者工具示例

（6）在 Cursor 中使用"浏览器"等关键字，触发 MCP 行为，例如：

使用浏览器打开页面 `http://localhost:5173`，分析页面样式为何失效并修复。

至此，BrowserTools 就配置好了，接下来可以使用"浏览器"关键字适时驱动 Cursor 进行浏览器操作，举例如下。

- 分析页面性能。如前所述，大语言模型可借助 MCP 读入页面的 Lighthouse 性能数据等，充分分析后给出性能总结信息，甚至可以在此基础上要求大语言模型进行修复。

用浏览器当前打开页面的性能，分析 `Lighthouse` 性能数据，判断性能卡点。

- 修复样式问题。模型能够直接读取页面 DOM 中 body 元素的 margin 设置、样式继承链与实际渲染效果，快速定位样式覆盖或失效问题，提出精准的修复方案。

页面中，`body` 有一个多余的 `margin`，请修复。

- 排查网络异常原因。AI 可自动抓取失败请求的响应头与内容，判断错误类型并推测可能的后端异常或配置问题，为开发者提供进一步的排查方向。

页面中出现不少网络异常，请仔细分析请求信息、响应信息等，定位问题根因并尝试修复。

作者实际开发过程中，正是借助 BrowserTools 所提供的"浏览器可观测性"，逐步将页面从最初样式完全失效、组件无序堆叠的状态，一步步优化为排版合理、响应流畅的现代化界面。通过不断向模型输入页面实时状态，调整渲染策略与样式结构，最终完成了一个结构清晰、样式可控的 Web 页面，如图 6-24 所示。

这便是结构化调试工具与大语言模型结合带来的真实优势：不只是写代码的工具，而是具备前后联动、状态感知与自动迭代能力的开发助理。

总的来说，调试阶段的挑战不仅在于"发现问题"，更在于"将问题表达给模型"，这正是 Vibe 编程与传统开发模式间的巨大差异所在。我们不仅要掌握调试技术，更要学会如何与 AI 有效沟通，让模型在有限的上下文中能做出正确判断与补全。

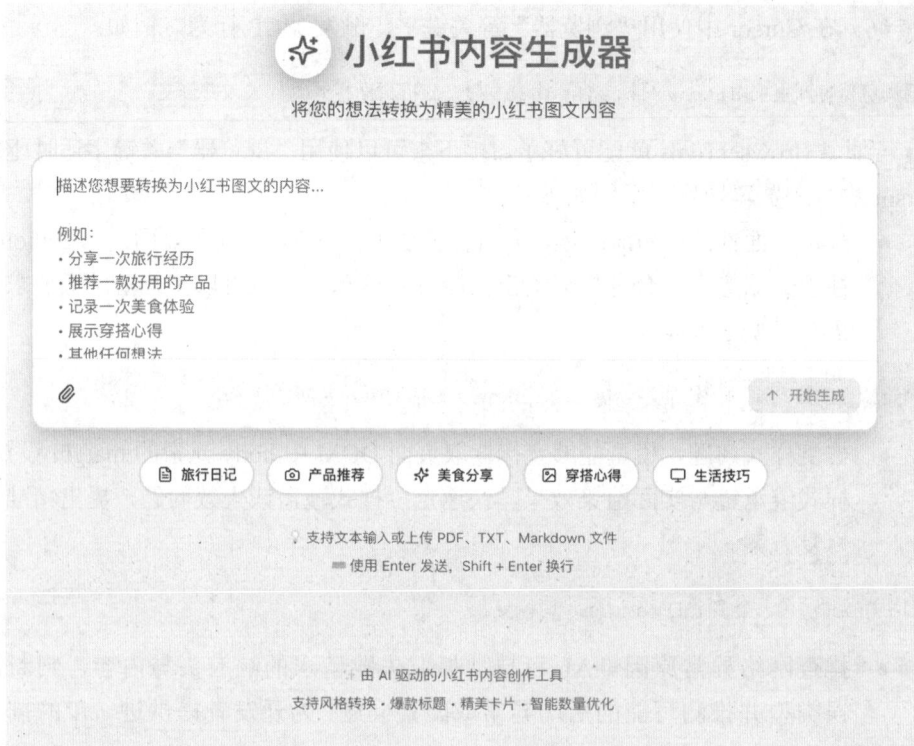

图 6-24　结构清晰、样式可控的 Web 页面

6.4.5　调用服务器端真实接口

经过前期的结构构建与持续迭代，我们已经得到了可以在浏览器中正常渲染的页面代码。然而，页面仅具备静态展示能力仍不足以支撑完整的业务流程。要使整个系统真正"动"起来，还需要完成一个关键任务——接入后端服务接口，打通前后端之间的数据交互链路。这一阶段有以下 3 个核心步骤。

（1）将服务器端接口转换为更结构化的 TypeScript 类型定义形态。

首先，从技术架构的角度来看，前端与后端始终是两个完全独立运行的系统，彼此之间仅通过诸如 HTTP 等通用网络协议进行通信。而 HTTP 本身属于"弱约束"协议，其接口约定通常以文字或文档形式存在，缺乏强类型校验。这种松耦合机制使得大语言模型在生成代码时非常容易出现理解上的偏差，尤其是在接口路径定义、参数结构定义或返回值定义等方面经常产生细微但致命的错误，进而影响整体系统的稳定性。

为了解决这一问题，可以先引导大语言模型对服务器端接口进行结构化建模，提示词如下：

> 仔细分析 packages/server/src 提供的接口，包括 URL、HTTP 方法、输入输出参数等内容，将其转换为严格定义的 TypeScript 类型结构。同时编写函数，使用 axios 调用这些接口。
>
> 将代码保存到 packages/web/src/api 目录下。

此后 Cursor 就会在 packages/web/src/api 目录下为每一个接口生成对应的类型定义，并生成调用函数，如图 6-25 所示。

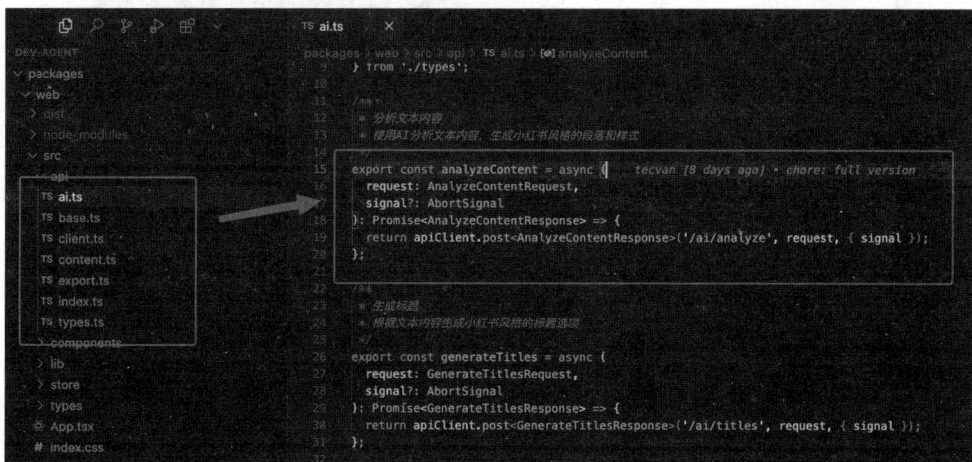

图 6-25 接口类型定义示例

前端页面中的组件无须关心请求细节，只需调用这些函数，即可发起高可控的真实数据交互。这种结构本质上是一种典型的架构分层模式——通过将接口调用逻辑从视图层中剥离出来，增强了系统的模块边界与内聚性，提升了整体的可读性、可维护性与可扩展性，在现代软件架构中被广泛应用。

（2）改造前端代码，去除所有模拟数据逻辑，改为调用真实接口。

完成 API 层代码的抽象之后，将页面中的模拟（mock）逻辑全部移除，实现真实的数据交互。

> 改造 packages/web/src 代码，去除所有接口模拟逻辑，改造为调用 packages/web/src/api 提供的真实接口。

此后，可以重新启动页面，调试整体的数据交互流程。在这个阶段，调试的重点不再是样式或组件布局，而是网络请求的发起与响应是否符合预期。为此，建议使用浏览器内置的开发者工具进行辅助分析。以 Chrome 浏览器为例，只需按下快

捷键 F12 即可开启图 6-26 所示的调试面板，并切换至 Network 标签页，实时观察
页面中各类接口请求的发起、状态码、数据响应与时延情况。

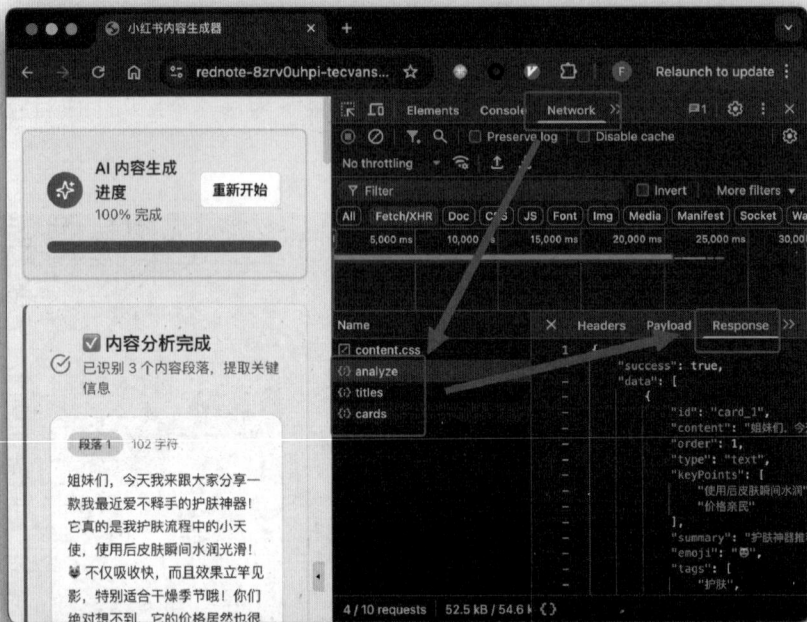

图 6-26 网络请求调试面板

浏览器的开发者工具是一个全面而复杂的 Web 调试工具，需要花费不少时间
才能掌握。这里推荐一个简单用法，如图 6-26 所示，只需点击 DevTools 的 Network
标签页，之后观察页面是否在正确时机发出网络请求，以及请求是否正常响应，出
现任何问题时都可以再次借助 Cursor 与 BrowserTools 协助改造代码，例如：

使用浏览器分析页面的网络日志，在用户点击"发送"按钮后应该立即发出 analyze 请求，请仔细
审查代码，修复问题。

（3）导出会话记录。

在系统基本完成、功能调试无误之后，还有一个常被忽视但极为重要的环节，
即导出大语言模型的交互记录。由于大语言模型不具备"长期记忆"，每一次新会
话都从空白开始（即丢失已有上下文），如果后续我们希望在已有基础上继续演进
系统、修复细节或添加新功能，就必须重新"喂入"已有上下文。而通过导出交互
记录，可以将整个开发过程中的关键对话、模型响应、错误修复、架构设计等内容

完整保存下来。

在 Cursor 中导出对话记录非常简单：点击图 6-27 所示的 Agent 面板右上角的"…"按钮，在弹出的菜单中选择 Export Chat 选项，即可将完整的聊天记录导出为本地文件。建议将该文件保存在项目根目录下，与代码仓库一并管理。

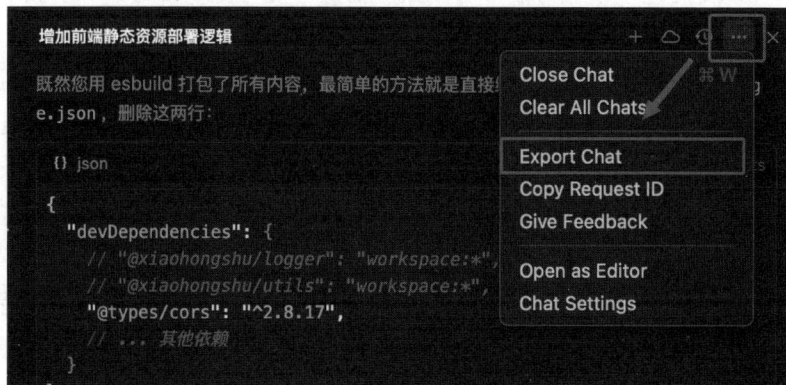

图 6-27　导出对话记录

当未来需要重启开发流程时，只需将此记录文件导入 Cursor，大语言模型便可以恢复当前系统的全部上下文，包括你曾提出的问题、模型的解释路径、每一步修改建议与最终实现方式，从而确保新一轮开发具备语境连贯性与行为一致性。

6.5　应用部署

在完成了 6.3 节、6.4 节分别介绍的后端接口与 Web 端系统开发之后，一个功能完整的 Web 应用已经基本成型。但开发完成仅是第一步，接下来还有一项重要工作——应用部署，我们需要将本地开发完成的程序打包、发布至云端，使其可以通过网络访问，从而为更多用户提供服务。

但从软件工程的视角来看，部署远非一个简单的上传操作。事实上，它往往是整个软件生命周期中最复杂、最具有工程挑战性的环节之一。为了确保应用能够在真实生产环境中稳定、高效、安全地运行，部署方案通常需要综合考虑以下多个维度的系统性因素：

- 项目的技术架构与依赖结构；
- 目标部署平台的运行环境与资源约束；
- 用户的地理分布与访问行为；

- 安全策略，包括网络防火墙设置、权限控制与数据加密；
- 线上系统的实时监控与故障恢复机制；
- 多人协作场景下的代码分支管理与回滚策略；
- CI/CD 的自动化流程。

可以说，要构建一个优秀的部署系统，需要一支专业的 DevOps 团队进行长期的演化与维护，其工程成本与技术深度已远远超出本书的内容规划与目标。为了聚焦实用性与可操作性，本节将以"小红书内容生成器"这一示例项目为基础，结合当前主流的云平台实践，介绍一套足够可用且相对简洁的部署方案，帮助读者以最短路径掌握将 Vibe 编程项目上线的方法。该方案并不追求部署体系的复杂性或完备性，而是专注于构建一个"从本地到线上"的基本闭环，作为后续工程能力扩展的出发点。

本节还将引入 GitHub Actions 系统，进一步讲解如何构建持续部署流程，使得每一次代码变更都能自动发布至线上环境，真正实现代码与应用交付的自动化、连续与可靠。

6.5.1　理解代码部署逻辑

将一个完整的全栈应用部署至线上并非简单地将代码上传至服务器，还涉及前端资源与后端服务的打包、分发与运行，也牵涉访问控制、环境配置与安全策略等一系列系统工程问题。

部署工作的本质是让本地开发完成的系统在云端稳定、高效、安全地为真实用户提供服务。因此，开发者需要具备如下三方面的基础认知：

- 对前端与后端代码的资源模型与生命周期有清晰理解；
- 熟悉常见部署架构，理解各种运行环境的特点与适用场景；
- 对敏感信息（如 API Token）的管理有足够的安全意识与实践手段。

1. 理解前端部署模型

尽管我们在前端开发过程中使用了 TypeScript、Tailwind CSS 与 Vite 等现代工程化工具，但这些工具的作用仍主要集中于开发阶段的抽象与提效。实际部署时，前端代码会被构建（build）为一组标准的静态资源，包括 HTML、CSS 和 JavaScript 脚本文件，以及字体、图像等多媒体素材。这些资源的最大特点在于，它们并不依赖运行时计算逻辑，所以可被直接存储并原样分发。在不考虑服务器端渲染（server side rendering，SSR）等高阶场景的前提下，前端部署的核心目标是高效地将这些静态资源传输到用户的浏览器端。

实现这一目标的方式通常包括两类：其一是通过服务器端提供静态资源分发逻辑；其二是利用内容分发网络（content delivery network，CDN）进行多地缓存与加速。为了简化部署流程，本项目采用第一种方式，即通过服务器端提供前端静态资源的分发功能，具体实现步骤如下。

（1）在服务器端项目中新增一个构建脚本 build.sh，该脚本依次执行后端与前端资源的构建操作，并将前端构建产物复制到 packages/server/public 目录下。

（2）在服务器端的路由层增加单页应用（single page application，SPA）兼容逻辑：对于非/api 开头的请求，先查找 public 目录下的对应静态资源，若未命中则统一返回默认资源文件 index.html。

对应的提示词如下。

> 我需要你帮我增加前端静态资源部署逻辑，首先需要在服务器端项目中增加 build.sh 脚本，内部执行：
> 1.构建后端资源；
> 2.构建前端资源，将构建产物复制到 packages/server/public 目录下。
>
> 之后，我需要你修改 packages/server 的路由逻辑，实现单页应用服务：对于非/api 开头的请求，先查找 public 目录下是否有对应的静态资源，若有则直接返回，否则返回默认资源文件 index.html。

此后，执行新生成的 packages/server/build.sh 脚本即可将前端代码构建为静态资源文件，并将静态资源文件复制到正确位置，代码大致如下。

```bash
#!/bin/bash

set -ex

echo "1.构建后端资源..."
pnpm --filter @xiaohongshu/server build

echo "2.构建前端资源..."
pnpm --filter @xiaohongshu/web build

echo "3.创建静态资源目录..."
mkdir -p packages/server/public

echo "4.复制前端构建产物到后端静态资源目录..."
cp -r packages/web/dist/* packages/server/public/

echo "构建完成！前端资源已复制到 packages/server/public 目录"
```

2. 理解后端部署模型

与前端部署相比，服务器端部署的复杂性更高。后端程序不仅需要配置运行环境，还需具备持续运行、异步调度、数据持久化和与外部服务交互等能力。根据运行环境的不同，现代服务器端系统主要分为以下 3 种部署模型。

- 虚拟机（virtual machine）。提供完整的操作系统环境，具备最大程度的控制与可定制能力，但资源开销较大，维护成本高。
- 容器（container）。以 Docker 为代表，提供轻量、可移植的应用封装机制，具备启动快、资源占用低、运行一致性好等优点。
- 无服务器计算（serverless computing）。开发者无须关心底层服务器，只需上传函数代码，云平台即可自动调度、伸缩与运行。具备按需计费、极简部署与强弹性等优势。

对于本书的"小红书内容生成器"这种以 Node.js 编写、规模中等、功能清晰的服务器端项目而言，无服务器函数是当前最优的部署方案。它不仅免去了服务器管理的复杂性，还能根据访问压力自动扩缩容，极大降低了运维负担。

注意，无论选用哪一种部署模型，后端代码在上线前都需构建为可执行版本。为了保证可维护性与可扩展性，本项目使用 esbuild 工具将后端代码打包为单一可执行文件 bundle.js。这一方式特别适合 Monorepo 架构下的模块组织方案，即便后续服务被拆分为多个包，也能统一构建并部署。

对应操作可通过以下提示词完成配置。

请修改后端构建方式，使用 esbuild 将服务器端代码打包成一个文件 bundle.js，方便分发部署。

增加这一步操作后，部署时只需将生成的 bundle.js 文件及必要配置上传至云平台即可完成发布，无须附带冗余的源码或依赖，打包结果如图 6-28 所示。

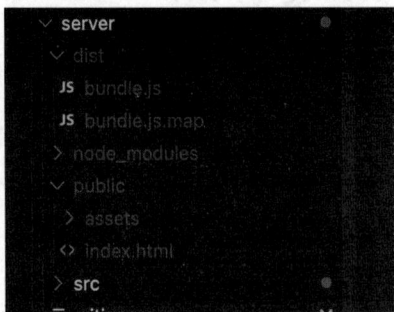

图 6-28　服务器端代码打包效果示例

3. 敏感信息管理

除了前后端代码外，还有一类极易被忽视但极为关键的隐患源——API key（或 Token），例如我们在 6.1 节中申请的 OpenAI API Token。这类资源相当于应用程序访问外部服务（例如数据库、第三方服务、AI 模型等）的"数字凭证"，一旦泄露，轻则出现财产损失，重则被恶意第三方非法修改数据，直接关乎整个应用程序的数据安全乃至经济利益。

因此，对待这类敏感信息务必提高警惕，在开发及部署过程中做好各类安全措施，并遵循以下原则。

- 避免硬编码。切勿将 API key 直接写入源码，一旦代码泄露，密钥就会完全暴露，将构成严重安全隐患。
- 避免客户端暴露。绝不能将 API key 部署于浏览器或移动应用程序等客户端环境中。恶意用户可通过检查客户端代码获取密钥，并冒用你的身份发起请求，可能导致产生意外费用或数据泄露。所有涉及敏感 API key 的请求均应通过安全的后端服务器进行代理处理。
- 避免日志暴露。应用程序中绝不能打印任何 API key 相关内容，否则其可能被攻击者盗取日志后破解。
- 避免提交至代码仓库。即使是私有代码仓库，亦应避免直接提交 API key。攻击者会持续扫描公有代码仓库以获取凭证，即使短暂暴露亦可能导致泄露。

那么，应该如何将这类敏感信息安全地传递给应用程序呢？当前主流做法是借助环境变量进行密钥注入。例如：

```
OPENAI_API_KEY=sk-proj-xxx node dist/bundle.js
```

上述代码通过环境变量 process.env.OPENAI_API_KEY 进行调用。这一机制已被各大云平台原生支持，既安全又便于维护。6.5.3 节将介绍如何在实际部署平台中配置环境变量，实现词元管理自动化。

6.5.2　将应用部署到 Vercel

当前市面上有多种云平台可用于托管现代 Web 应用，包括但不限于 Vercel、Netlify、Render、Cloudflare Pages 与 AWS Amplify。它们在部署机制、资源控制、扩展能力等方面各具特点，但整体部署流程具有高度相似性。

本节选用 Vercel 作为演示平台，详解如何将"小红书内容生成器"这一全栈项目部署至云端。Vercel 以其对现代前端技术（如 React、Next.js、Vue 等）的友好支持，以及简化的部署流程与 CDN 功能，成为近年来广受开发者欢迎的部署平台之一，尤其适用于 Node.js 构建的前后端一体化项目。

Vercel 的部署理念非常明确，即通过自动化流程降低部署门槛，使开发者专注于业务逻辑，而非基础设施管理，其具体部署流程如下。

1. 注册与初始化

首先，访问 Vercel 官网并完成账号注册流程。Vercel 支持使用 GitHub、GitLab 等平台的账号一键登录，便于后续同步代码仓库。

注册完成后，系统会提示你创建一个"团队"（Team），所有项目管理、部署、权限控制等都将基于团队空间展开。如图 6-29 所示，点击右上角头像，在弹出的菜单中选择 Create Team，完成基础信息填写，即可进入团队管理面板。

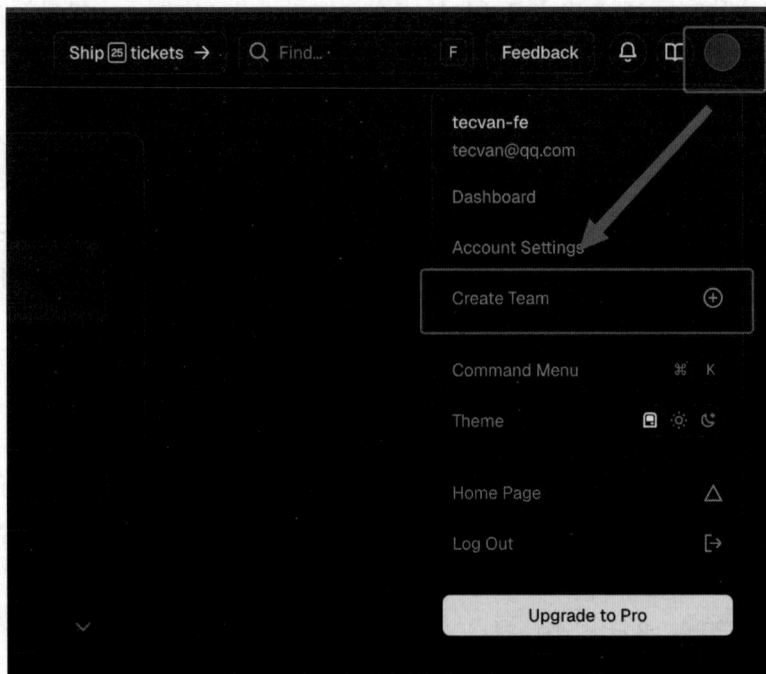

图 6-29　团队管理面板

2. 安装命令行工具

在本地终端中执行以下命令，安装 Vercel 提供的命令行工具 Vercel CLI，以便后续的部署与项目操作。

```
npm i -g vercel
```

随后执行登录命令：

```
vercel login
```

按提示完成登录授权，即可开始使用 Vercel CLI，如图 6-30 所示。

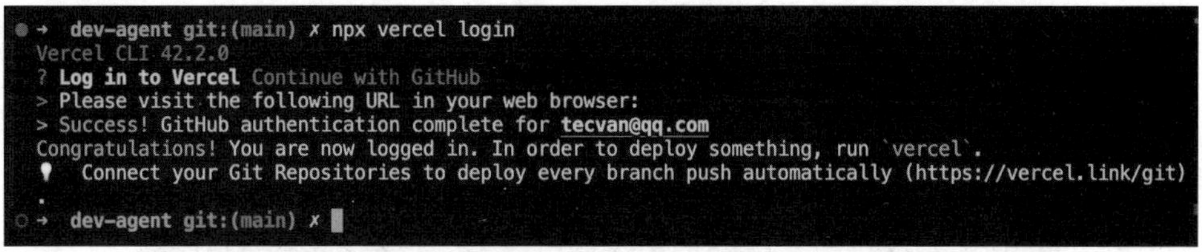

图 6-30 登录 Vercel 账号

3. 配置部署结构

在项目根目录下新建 vercel.json 文件，写入如下配置内容。

```json
{
  "$schema": "https://openapi.vercel.sh/vercel.json",
  "framework": null,
  "version": 2,
  "builds": [
    {
      "src": "packages/server/dist/bundle.js",
      "use": "@vercel/node"
    },
    {
      "src": "packages/server/public/**",
      "use": "@vercel/static"
    }
  ],
  "routes": [
    { "src": "/api/(.*)", "dest": "packages/server/dist/bundle.js" },
    { "src": "/health", "dest": "packages/server/dist/bundle.js" },
    { "src": "/(.*)", "dest": "packages/server/public/$1" },
    { "handle": "filesystem" },
    { "src": "/(.*)", "dest": "packages/server/public/index.html" }
  ]
}
```

该配置有以下作用：

- 将构建后的后端服务托管为无服务器函数架构；
- 将前端静态资源映射为公共目录；

- 支持单页应用路由回退；
- 为接口与健康检查提供明确路由入口。

4. 项目绑定与构建

进入项目根目录，执行以下命令拉取并绑定 Vercel 项目配置：

```
vercel pull
```

注意，首次执行上述命令时，对于 Link to existing project?选项务必选择 N（见图 6-31），这样 Vercel 会自动创建新项目并与本地目录绑定，避免手动配置。

图 6-31　避免绑定已有项目

绑定成功后，执行以下命令，开始手动构建项目资源：

```
bash ./packages/server/build.sh
vercel build --prod
```

此步骤将构建后端代码和前端静态资源，并生成部署文件，部署文件默认保存在.vercel/目录下。

5. 正式部署

执行以下命令，将构建产物部署至生产环境：

```
vercel deploy --prebuilt --prod --archive=tgz
```

部署完成后，Vercel 会输出两个重要的统一资源定位符（uniform resource locator，URL），如图 6-32 所示。

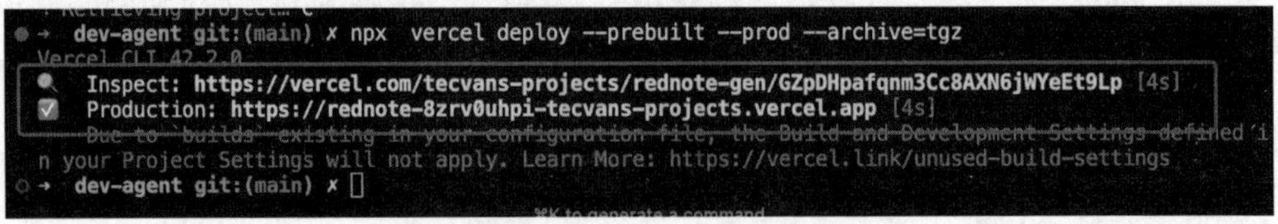

图 6-32　部署完成后，生成临时访问链接

图 6-32 中包含两个链接，含义如下。

- 第一个链接用于访问部署实例的管理面板，如图 6-33 所示。
- 第二个链接指向该实例的临时线上访问地址，如图 6-34 所示。

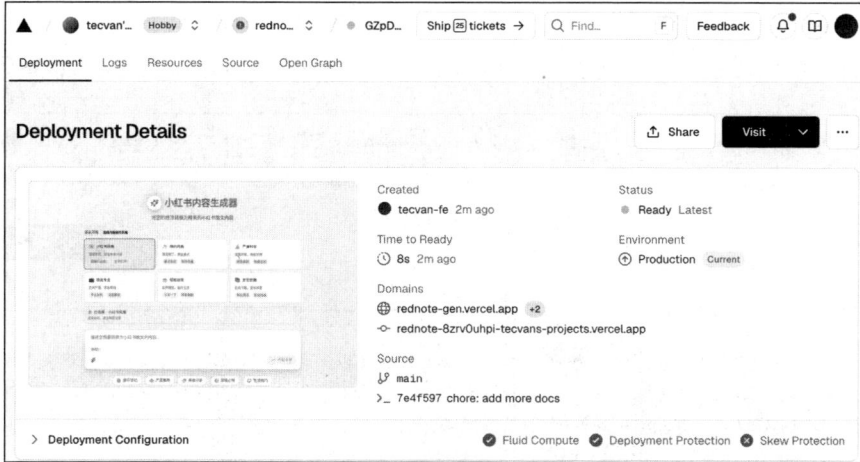

图 6-33　部署实例的管理面板

图 6-34　访问效果

此时即可访问实际部署效果，进行页面测试与接口调试。

6. 设置环境变量

部署完成后，若系统运行中报错，通常是因为缺少关键配置项（如 OpenAI 的

API Token）。为此，需要在 Vercel 后台添加环境变量，操作步骤如下。

（1）进入 Vercel 首页（见图6-35），点击对应项目进入项目管理页，如图6-36所示。

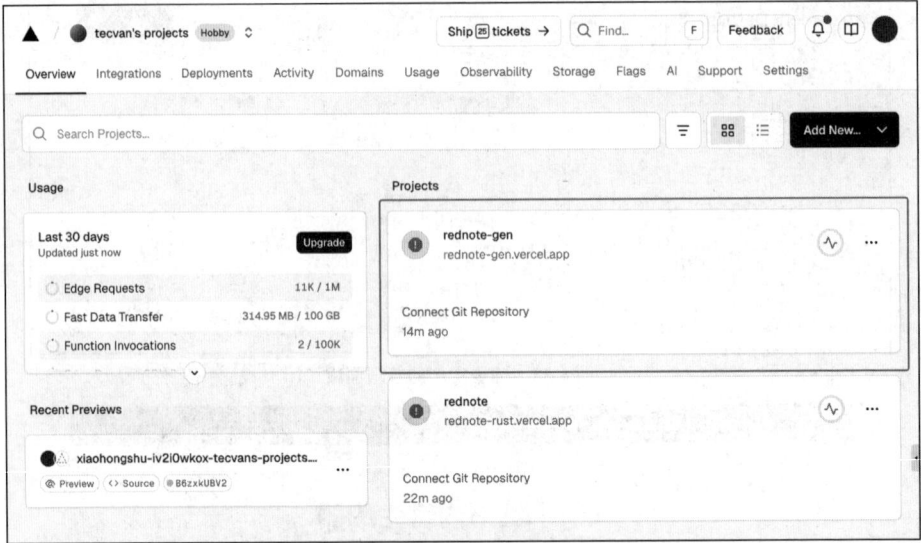

图 6-35　Vercel 首页

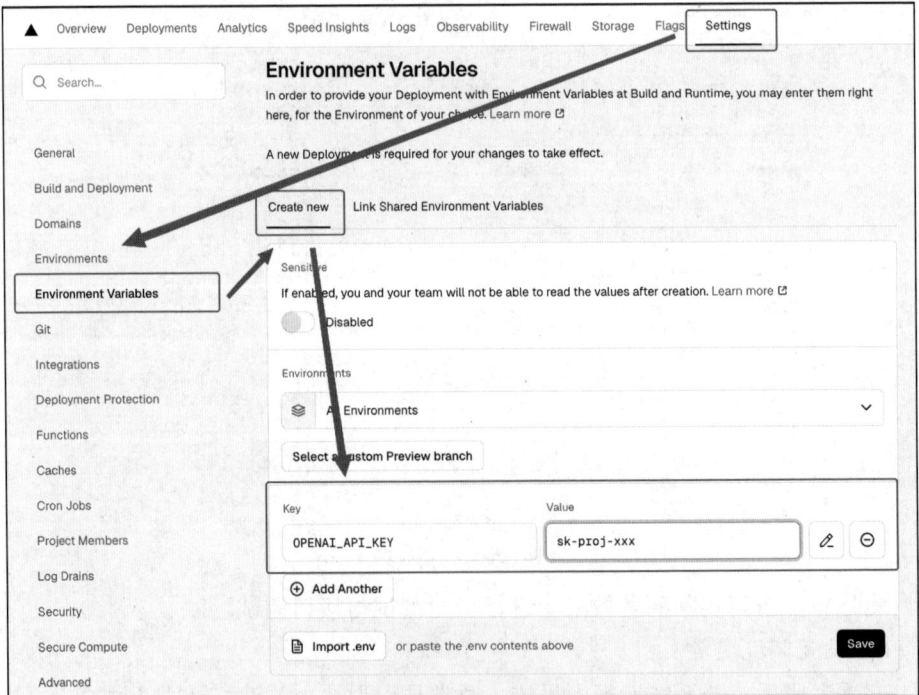

图 6-36　项目管理页

（2）点击上方菜单栏中的 Settings 菜单→选择 Environment Variables 命令；

（3）在对话框中点击 Create new 选项卡，输入环境变量 Key（如 OPENAI_API_KEY）和 Value；

（4）点击 Save 按钮进行保存，重新在本地执行部署命令 vercel deploy --prebuilt --prod --archive=tgz，环境变量将自动注入部署实例，系统即可以完整状态正常运行。

6.5.3 借助 GitHub Actions 实现持续部署

尽管 6.5.2 节介绍的手动部署方式已能完成从本地到云端的完整发布流程，但在实际生产环境中，持续部署才是更高效、更安全，也更适合团队协作的实践方式。特别是在多人协作、频繁迭代或线上系统要求较高可用性的项目中，人工操作不仅效率低，也极易出现操作失误或敏感信息泄露等风险。

相比之下，借助 GitHub Actions 等 CI/CD 工具构建自动部署流水线，可以显著提升部署的标准化程度与可靠性。开发者只需将代码变更推送到 Git 仓库，系统便会自动完成依赖安装、构建打包与云端部署等一系列操作。

在众多部署方式中，作者更推荐使用 GitHub Actions 搭配 Vercel CLI 来实现自动部署。这种方式不仅部署逻辑完全可控，还能在无须依赖额外平台的前提下，与代码仓库保持紧密耦合，适配性更强。

1. 提交代码至 GitHub 仓库

要启用 GitHub Actions，前提是将本地项目托管到 GitHub 上，操作步骤如下。

（1）访问 GitHub 官网，注册账号后创建新仓库，之后复制项目创建成功页面里展示的若干 git 命令，如图 6-37 所示。

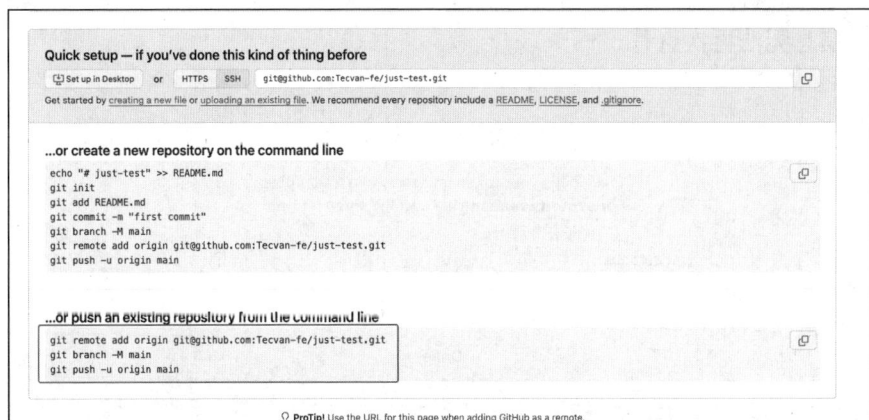

图 6-37 项目创建成功的命令提示

（2）在终端执行以下命令，将本地项目推送至 GitHub 服务器。

```
git remote add origin https://github.com/your-username/your-repo-name.git
git add .
git commit -m "init"
git push -u origin main
```

推送完成后，代码即完成版本管理并具备触发自动化部署的基础条件。

2. 生成并配置 Vercel Token

在自动部署过程中，我们需要为 GitHub Actions 提供身份凭证，使其具备调用 Vercel API 的权限。为此，需在 Vercel 平台中生成一个词元，操作步骤如下。

（1）进入 Vercel 的词元管理页：https://vercel.com/account/settings/tokens。

（2）点击 Create Token，输入名称并确认创建密钥，如图 6-38 所示。

Create Token

Enter a unique name for your token to differentiate it from other tokens.
Then select the scope for the token.

TOKEN NAME	SCOPE	EXPIRATION
for-ci	tecvan's projects	No Expiration

This token will never expire!

Learn more about Access Tokens ⤴

Create

图 6-38　创建密钥

（3）页面将弹出一次性展示的词元值（如图 6-39 所示），请务必复制并离线保存，该信息无法再次查看。

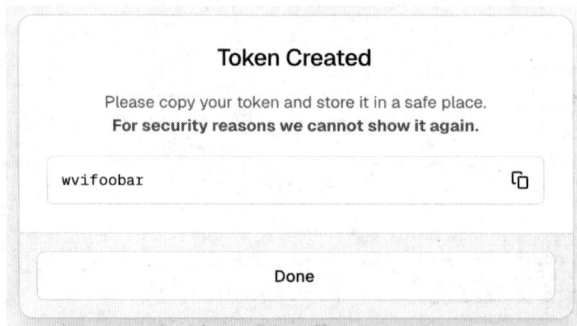

Token Created

Please copy your token and store it in a safe place.
For security reasons we cannot show it again.

wvifoobar

Done

图 6-39　复制密钥

（4）打开 GitHub 项目的 Settings 菜单，在 Secrets and variables 的子菜单中选择 Actions 命令，如图 6-40 所示。

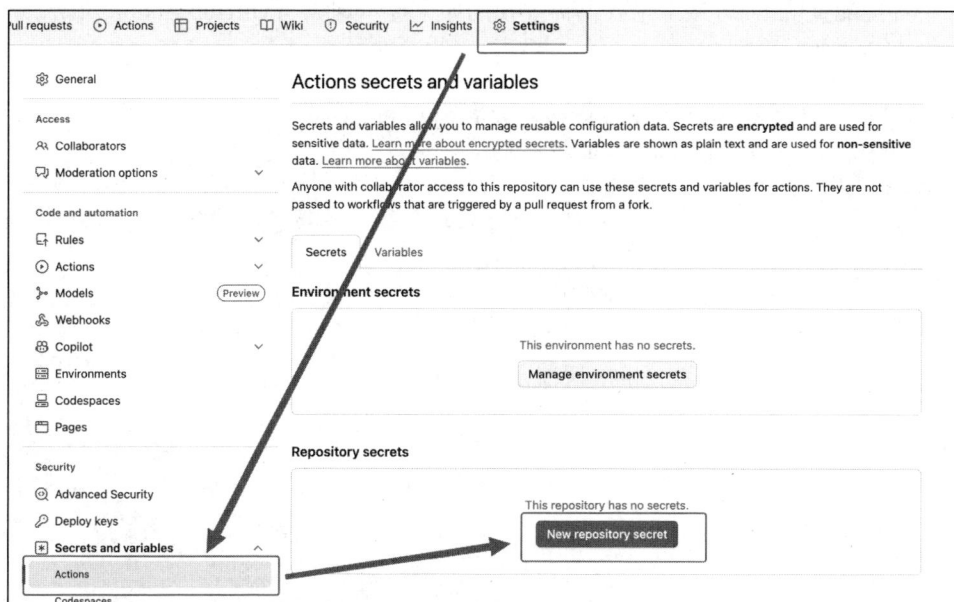

图 6-40　GitHub Actions 添加密钥

（5）在弹出的对话框中点击 New repository secret 按钮。

（6）在弹出的对话框中填入密钥名称 VERCEL_TOKEN，并将刚刚生成的词元值粘贴至 Secret 字段中，点击 Add secret，如图 6-41 所示。

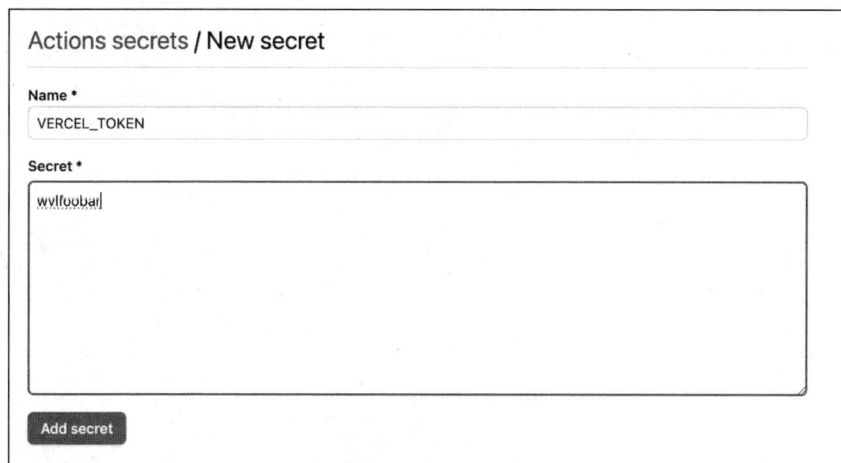

图 6-41　设置密钥

完成上述操作后，GitHub 仓库即可在流水线中安全使用该身份凭证进行部署。

3. 编写 GitHub Actions 部署流水线

环境配置就绪后，接下来我们需要使用如下提示词编写 GitHub Actions 流水线，实现自动部署。

增加一个 GitHub Actions 流水线，用于持续部署，主要逻辑如下：
1.限定为只在 main 分支发生代码变更时触发部署；
2.使用 pnpm 安装依赖；
3.使用 vercel link + pull + build + deploy 命令实现部署，使用 VERCEL_TOKEN 作为部署时的 Token。

代码保存到 .github/workflows/deploy.yml 文件中。

之后，Cursor 会生成一份部署流水线代码，大致内容如下。

```yaml
name: Deploy to Vercel

on:
  push:
    branches: [main,]
  workflow_dispatch: # 允许手动触发

jobs:
  deploy:
    name: Deploy to Vercel
    runs-on: ubuntu-latest

    # 检查仓库名称
    if: github.repository == 'Tecvan-fe/xiaohongshu-generator'

    steps:
      - name: Checkout code
        uses: actions/checkout@v4
        with:
          fetch-depth: 1

      - name: Setup Node.js
        uses: actions/setup-node@v4
        with:
          node-version: '22'
```

```
  - name: Setup pnpm
    uses: pnpm/action-setup@v2
    with:
      version: latest
      run_install: false

  - name: Install dependencies
    run: pnpm install --frozen-lockfile

  - name: Build project
    run: bash packages/server/build.sh
    env:
      NODE_ENV: production

  - name: Install Vercel CLI
    run: npm install --global vercel@latest

  - name: Run Deploy Script
    run: |
      vercel link --yes --project rednote-gen --token=${{ secrets.
VERCEL_TOKEN }}
      vercel pull --yes --environment=production --token=${{ secrets.
VERCEL_TOKEN }}
      vercel build --prod --token=${{ secrets.VERCEL_TOKEN }}
      vercel deploy --prebuilt --prod --archive=tgz --logs --token=
${{ secrets.VERCEL_TOKEN }}
      echo "🚀 部署成功！"
      echo "✅ 项目已成功部署到 Vercel"
```

该流水线主要有以下功能。

- 在 main 分支更新时自动触发。

- 安装 Node.js 与 pnpm 依赖环境。

- 构建后端与前端产物（基于 6.5.1 节生成的自定义构建脚本 packages/server/
  build.sh 实现）。

- 使用 Vercel CLI 完成部署，包括项目绑定、配置拉取、构建与上线。

  ➢ vercel link：关联到个人账号下的特定项目，其中 --project 参数需要修
    改为使用 Vercel 创建的项目名称。

  ➢ vercel pull：拉取 Vercel 项目配置。

  ➢ vercel build：执行 Vercel 构建，在本地先打包需要发布的内容。

> ➤ verce deploy：将 vercel build 产生的结果打包发布到线上环境。
>
> 注意，所有 Vercel 相关的命令都需要传入词元，也就是在上述 4 个步骤中，我们在 Vercel 系统上生成的词元值。

此后，main 分支上的变更会触发该流水线，实时将代码发布到 Vercel 环境。借助该流水线，后续不再需要在本地执行若干复杂命令，更重要的是，在团队协作中不需要传播各类词元值或项目权限，就可让任意团队成员随时部署新版本，非常有利于团队协作。

6.6　小结

本章围绕"小红书内容生成器"项目，完整遍历了一个全栈 AI 编程任务的工程闭环：从环境配置、项目需求梳理、前后端分工开发，再到应用部署。每一步都以实践为导向，结合大语言模型驱动下的开发方式，逐步沉淀出一套可复用、可迁移的协作范式。

本章实战过程中可总结出一些值得学习的应用技巧。

- AI 写作文档，提示词决定行为路径。AI 不是文档的读者，而是开发者。所有文档应优先考虑"任务执行结构"，不求排版美观，但求结构清晰、表达具体。

- 使用 plan.md 文档构建"任务状态"上下文。通过 Markdown 的[ ]→[x]机制，让 AI 具备任务记忆，能在多轮对话中持续追踪项目进展，有效降低上下文遗忘风险。

- 先做模拟，并不是权宜之计，而是效率手段。模拟数据能隔离后端的不确定性，是在 Web 端阶段快速推进交互细节与结构确认的关键抓手，属于 AI 协作中的"防抖机制"。

- 优先开发后端接口，用数据定义 Web 端边界。提前抽象接口与类型定义，为 Web 端组件生成提供清晰目标，有助于减少 AI 误判，降低代码耦合。

- 调试靠结构输入，不靠你"说得清"。AI 无法"看见"浏览器，而必须通过截图或 MCP 提供结构化页面信息，让 AI 具备对 Web 端渲染状态的判断能力，调试才有依据。

- 审查保持"低成本容忍"策略。前期重在梳通逻辑，而代码是否优雅、结构是否最优则不是首要问题，AI 生成结果只要能运行、能调试、能继续推进即可接受。

- 用 Git 缓存 AI 的不确定性。每一次 AI 改动都可能是对结构的破坏，频繁提交是 AI 编程中性价比极高的"版本快照"，确保一旦生成失误，迅速回退。

总之，Vibe 编程的本质，不在于"让 AI 替你写代码"，而在于你能否构建出适合 AI 发挥作用的工作流程与语境结构。

第 7 章

局限与挑战

随着各类 AI 编程产品的快速迭代与新工具的不断涌现，关于这一领域的动态也频繁出现在各类社交平台上：某款创新产品发布，某产品推出全新功能，或是某人借助 AI 工具实现了零代码开发并成功推出商业化产品。如今，开发应用产品似乎已不再局限于具备专业编程背景的群体。那么，这是否意味着，普通大众也正在逐步具备自主开发产品的能力与机会？

Vibe 编程是未来，这场编程范式的变革正在深刻改变着开发者的工作方式、思维模式，甚至正在改变整个软件行业的生态格局。不过，正如每一次技术革命都伴随着机遇与挑战，Vibe 编程也不是万能的"银弹"。任何理性的观察者都必须承认，当前所有的 AI 编程产品仍然存在着诸多局限。我们既不应该因为技术的"神奇"而盲目乐观，也不应该因为问题的存在而悲观失望。

相信不仅仅是非编程人员，甚至很多编程人员都会为这些层出不穷的 AI 编程产品的区别是什么，能做什么，不能做什么，以及如何用好它们感到困惑。诚然，这里面确实有很多"手艺"（指需要一些技术功底）的成分，但如果只停留在观望阶段，我们永远也无法真正理解这场变革的意义。本章将从用户和产品两个不同视角，分析 Vibe 编程在当前阶段的真实状况。我们会诚实地讨论它的局限性，也会客观地评估它的潜力。我们的目标是让每位读者，无论其编程经验如何，都能在了解 Vibe 编程的基础上更有效地释放创造力，去构想和构建解决实际问题的工具。

7.1 用户视角

在探讨 Vibe 编程的局限与挑战时，我们首先需要从用户的角度出发。不同背景的用户在面对 AI 编程工具时，会遇到截然不同的挑战和问题。

7.1.1 普通用户

对普通用户（即无编程经验的人员）来说，社交媒体上那些"零代码开发应用"的成功故事往往具有很强的误导性。这些故事通常只展示了最终的成果，而忽略了背后的学习成本、试错过程，以及大量的细节调整工作。事实上，这些成功案例背后往往隐藏着大量不为人知的摸索和反复尝试。

现实情况是，即使是使用最先进、最好用的 AI 编程工具，非经编程训练的人仍然需要掌握基本的计算机科学概念、软件架构思维，以及问题分解和代码调试技能。就像使用自动翻译软件并不能让人立即成为翻译专家一样，使用 AI 编程工具也不能让人立即成为专业的软件开发者。这些工具确实降低了入门门槛，但并未消除学习的必要性。

更重要的是，大多数成功的"零代码"开发案例都集中在相对简单的应用场景，如基础的网站制作、简单的数据处理脚本、演示性的原型应用或者工具类型的 App 项目。当涉及复杂的业务逻辑、数据库设计、性能优化、安全考虑等问题时，仅仅依靠 AI 编程工具是远远不够的。这些复杂场景往往需要深厚的技术积累和系统性思维，是目前 AI 编程工具尚难以完全替代的领域。

许多普通用户对 AI 编程工具抱有过高的期望，认为只要能够用自然语言描述需求，AI 就能自动生成完美的软件产品。这种期望往往源于对软件开发复杂性的低估，描述需求需要对软件架构有清晰的理解。软件开发不仅仅是编写代码，还包括需求分析、系统设计、用户体验考量、性能优化、安全防护、测试验证、部署维护等一系列复杂工作。即使 AI 编程工具能够帮助生成代码，其他方面的工作仍然需要专业知识和经验。

很多普通用户甚至是非互联网领域的人没有意识到，好的软件产品往往需要经过多次迭代和优化。第一版的最小可行性产品（minimum viable product，MVP）可能只是一个开始，真正有价值的产品需要根据用户反馈不断改进。在这个过程中，理解代码逻辑、调试问题、优化性能等技能仍然是必不可少的。

即使我们可以清晰地用自然语言描述需求，如何阅读和理解 AI 编程工具生成的代码也是一个不小的问题，因为即使不需要从零编写代码，能够理解代码的基本逻辑对于调试和修改仍然是必要的。此外，AI 编程工具生成的代码并不一定是完美的，这需要用户能够发现问题并指导 AI 编程工具进行修正。

当我们克服了一切问题，真正开发出一个网站或 App 时，如何部署网站、如何上线 App 往往会成为"压死骆驼的最后一根稻草"，很多人低估了部署过程的复杂性。对于不同的平台、操作系统和环境，需要使用不同的部署策略。即使 AI 编程工具能够生成前后端代码或基本应用逻辑，服务器配置、域名管理、数据库设置、SSL 证书获取等操作仍需要大量的技术知识。

如果是开发一款 App，在发布 App 时还需要经过应用商店的审核流程，这通常涉及隐私政策制定、适龄评级、内容合规性等要求。苹果 App Store 和 Google Play 都有严格的审核标准，这些都不是简单依靠 AI 编程工具生成代码就能解决的问题。

即使成功部署或发布，后续的运维工作同样重要且复杂。如何监控应用性能、处理用户反馈、修复 bug、更新功能、保障数据安全等，都需要持续投入时间和精力，这些挑战往往是普通用户在开始开发项目时考虑不到的。

AI 编程工具生成的代码可能在进行功能演示时没有问题，但在面对大量真实用户时会暴露出性能、稳定性、安全性等各个方面的问题，解决这些问题也需要专业的技术知识。

此外，还要考虑竞争环境。虽然 AI 编程工具降低了开发门槛，但这也意味着市场上会出现更多的竞争者。在这种环境下，产品的技术质量、用户体验、性能优化等方面的差异都是决定成功与否的重要因素。

7.1.2　专业开发者

对专业开发者来说，AI 编程工具既是助手也是挑战。一方面，它可以大幅提升编码效率，自动生成代码、辅助解决复杂问题，降低了重复性工作的负担；另一方面，这也要求专业开发者转变思维方式，学习如何更好地利用 AI 编程工具，与之进行有效的协作而非被其替代。

专业开发者对待 AI 编程工具往往会更加"严苛"一些，因为专业开发者的日常工作就是与各个角色（产品经理、设计师等）相互配合，完成各种软件开发任务，对软件产品往往有着更高的预期，产品通常也会更复杂。

我们无法否认的是，即使是目前最先进的大语言模型，在编程任务上仍然存在着明显的能力边界。当前的 AI 编程工具在处理复杂的系统性问题时往往力不从心。例如，对于一个涉及多个微服务、数据库设计、性能优化的大型项目，AI 编程工具很难从全局角度进行架构设计和决策。它可能能够生成优秀的代码片段，但缺乏对整体系统复杂性的深度理解。这就像一个只见树木不见森林的工匠，虽然手艺精湛，却无法胜任建筑师的角色。

更具挑战性的是，AI 编程工具在需要深度领域知识的专业场景中表现不佳。

例如，面对金融量化交易系统、医疗设备控制软件、航天航空的实时控制系统等专业领域开发任务，专业开发者不仅需要编程技能，更需要深入理解相关专业领域的知识背景。AI 编程工具可能知道如何写出语法正确的代码，但它无法理解金融市场的复杂性，也无法承担医疗软件的生命安全责任。

对有经验的专业开发者来说，AI 编程工具生成的代码往往存在着"看起来很美，用起来很累"的问题。这种代码在演示阶段可能运行良好，但在长期维护中却暴露出诸多问题。AI 编程工具在不同时间、不同上下文下生成的代码可能采用完全不同的编程风格和设计模式。就像一个团队中有多个风格迥异的开发者，但彼此之间缺少沟通和协调。这种不一致性在小项目中可能不明显，但在大型项目中会严重影响代码的可读性和可维护性。AI 编程工具往往倾向于生成看起来很"专业"的代码，使用复杂的设计模式和架构，即使在简单的场景下也是如此。这就像"用大炮打蚊子"，虽然显示了技术实力，但增加了不必要的复杂性。对于需要长期维护的项目来说，简洁和直接往往比复杂和"炫技"更有价值。

对企业级应用专业开发者而言，AI 编程工具在安全性方面也存在着不容忽视的风险。这些风险不仅来自 AI 编程工具本身的技术限制，也来自企业环境的特殊要求。AI 模型的训练数据中包含了大量的开源代码，其中不可避免地存在安全问题。AI 编程工具可能会重现这些安全缺陷，甚至在不同的上下文中创造出新的安全漏洞。更危险的是，这些漏洞往往隐藏得很深，需要专业的安全审计才能发现。

企业数据隐私是另一个重大关切问题。当专业开发者使用云端的 AI 编程服务时，他们的代码、注释，甚至整体项目结构都可能被上传到云端。对于涉及商业机密或个人隐私的项目来说，这种数据泄露风险是不可接受的。虽然很多服务提供商声称不会存储用户数据，但技术上的承诺往往难以完全消除企业的担忧。

对专业开发者来说，当前的 AI 编程工具本质上是基于已有代码的模式识别和重组，它们能够非常优秀地解决已知问题，但在面对全新的技术挑战时却可能束手无策。这种局限性在前沿技术领域或小众应用场景表现得尤为明显。当专业开发者需要探索全新的算法、设计创新的架构、解决前所未有的技术难题或开发小众产品时，AI 编程工具往往只能提供基于现有知识的建议，而无法产生真正的原创性思维。就像一个博学的图书管理员能够快速找到相关资料，但无法进行原创性的科学研究。

传统的编程思维是"我知道怎么做，然后我要去实现它"，而 AI 编程工具对专业开发者来说是"我知道要什么，然后我要引导 AI 实现它"。这种转变要求专业开发者具备更强的需求表达能力、代码审查能力，以及人机协作的技巧。对一些专业开发者来说，这种角色转变可能比学习一门新的编程语言更加困难，因为部分开发者并不擅长表达。

7.2 产品视角

从 AI 编程产品开发者和设计者的角度来看，当前的 AI 编程工具面临着更为复杂和深层次的挑战。这不仅仅是技术实现上的问题，更涉及产品定位、商业成本、用户体验等多个维度。

7.2.1 尴尬的产品定位

AI 辅助编程产品的第一目标用户是专业开发者，而完全端到端 Agent 编程产品面向的更多是普通用户。

对专业开发者而言，Cursor、GitHub Copilot、Claude Code 这样的 AI 辅助编程产品确实能够提升编码效率，但面对真正复杂或小众的业务场景时也会捉襟见肘。它们更像是一个"智能助手"而非"专业开发伙伴"。当遇到需要深度思考和创新性解决方案的问题时，专业开发者仍然需要回到传统的开发方式。这就导致了一个矛盾的局面：越是资深的专业开发者，越能发挥这些工具的价值，但同时也越能看清这些工具的局限性。

对普通用户来说，v0、YouWare 这样的端到端 Agent 编程产品虽然大大降低了门槛，但并没有消除编程本身的复杂性。许多产品在营销时过分强调"零代码""人人都能编程"等概念，但实际使用中用户往往会发现，想要开发出真正复杂、有用的应用，仍然需要进行大量的学习和实践。例如，v0 生成的代码虽然能运行，但用户往往需要理解 React、Tailwind CSS 等技术栈才能进行有效的修改和定制。并且这类端到端 Agent 编程产品往往只能开发一些轻量、简单的网页产品，难以开发 App 以及客户端产品。这种期望与现实的落差往往会导致用户的失望和流失。普通用户想要开发更多形态、更复杂的产品，还是要使用 Cursor 之类的 AI 辅助编程产品，并进行大量的学习。

随着 AI 技术的快速发展，产品的定位也在不断变化。就像 Cursor 试图从"辅助工具"向"独立代理"的方向发展，但这种转变往往伴随着用户体验的混乱和产品功能的臃肿。用户既需要学习如何与 AI 代理有效沟通，又需要掌握传统的项目管理和代码审查技能。这种复合技能的要求实际上提高而非降低了使用门槛。如何在快速变化的技术环境中保持清晰的产品定位，是所有 AI 编程产品都面临的挑战。

7.2.2 成本困境

AI 编程产品还面临着一个绝大多数传统产品没有的挑战——大语言模型成本。与传统软件产品不同，AI 编程工具的每次使用都会产生实际的计算成本，而这些成本往往是传统软件产品成本的数十倍甚至数百倍，大语言模型高昂的成本使得这些产品很难实现可持续的商业模式。

成本结构带来的直接影响是定价策略的两难选择。GitHub Copilot 采用月费制，但用户的使用强度差异巨大；Cursor 提供免费额度后按使用量计费，但这种模式让用户在使用时会产生"计量焦虑"。如果定价过高，会限制用户的使用频率，降低其付费意愿；如果定价过低，产品开发商可能面临每增加一个用户就增加亏损的窘境。

由于这些 AI 编程产品能力上的差异，用户经常会组合使用多个产品，但是这样一来就产生了一个非常令人苦恼的问题。例如，用户为 Claude 付费之后可以使用其旗下的 Claude Code，但是当使用 Cursor 时，尽管用户使用的还是 Claude 模型，但用户依然要为 Cursor 提供的 Claude 服务付费。虽然 Cursor 的确基于 Claude 提供了优质的上层服务，但用户承担了部分重合的 Claude 模型溢价，这种问题在用户使用多个不同产品时尤为明显。

另一个相关的问题是对上游模型供应商的依赖性。大多数 AI 编程产品都依赖于 OpenAI、Anthropic 等公司提供的大语言模型 API 服务，这意味着它们的成本结构在很大程度上受制于上游供应商的定价策略。例如，当 OpenAI 调整 GPT-4 的定价时，所有基于该模型的 AI 编程产品都必须重新考虑自己的商业模式。如果上游供应商大幅提价，这些产品可能会马上面临生存危机；如果上游供应商降价，之前在成本优化上的投入可能瞬间失去价值。这种不确定性使得长期的商业规划变得极其困难。甚至还有商业竞争导致上游提供商明确拒绝为下游产品提供服务，例如 Anthropic 拒绝为 Windsurf 提供 Claude 模型支持，间接让 Windsurf 损失了大量的用户。更糟糕的是，当上游供应商决定进入 AI 编程市场（例如 Anthropic 推出 Claude Code）时，下游的应用厂商可能会发现自己面临着供应商是竞争对手的复杂局面。

7.2.3 不同的用户体验

设计一个优秀的 AI 编程产品比想象中要困难得多。传统的软件界面设计有着相对明确的交互模式和用户期望，而 AI 编程工具则需要处理 AI 的不确定性、多样性和复杂性问题。

首先是交互方式的平衡。自然语言交互虽然直观，但往往缺乏准确性，依赖于用户的表达；传统的图形界面虽然精确，但可能会限制 AI 的灵活性。我们可以看到不同产品的探索路径：v0、Bolt 采用对话式界面，配合实时预览，试图让用户能够直观地看到自然语言转化为代码的过程；Cursor 则更多地集成到传统 IDE 中，通过快捷键和侧边栏来平衡自然交互与精确控制；而 Devin 选择了更加复杂的任务管理界面，试图让用户能够监控和指导 AI 的工作过程。如何在这些不同方式之间找到平衡，是所有产品都在探索的问题。更为复杂的是，不同背景的用户对交互方式有着完全不同的偏好和适应能力，这使得"一刀切"的解决方案几乎不可能成功。

其次是错误处理和反馈机制的设计。AI 不可避免会犯错误，如何让用户能够快速识别、理解和修正这些错误，是用户体验设计中的核心难题。GitHub Copilot 选择了相对静默的方式，让用户自己判断生成代码的质量；Claude Code 试图提供更多的解释和推理过程，但这种详细的反馈有时反而会让用户感到困惑。传统软件的错误通常有明确的原因和解决方案，而 AI 的错误往往具有不确定性和模糊性。设计一个既能保护用户免受错误影响，又不会过度干扰用户工作流程的系统，需要在多个相互冲突的目标之间找到微妙的平衡。

最后是学习曲线的管理。一个优秀的 AI 编程产品需要能够适应从完全初学者到专业开发者的各种用户，这就要求产品具备极强的适应性和可定制性。YouWare 试图通过社区和模板来降低学习门槛，但这种方式可能会让专业用户感到受限；Cursor 的高度定制化功能虽然受到专业用户欢迎，但对初学者来说学习成本过高。但是，过度的复杂性又可能使产品变得难以使用，这是一个典型的"易用性与功能性"之间的矛盾。

7.3 开发者的心智革命，普通人的技术平权

尽管 Vibe 编程面临着诸多局限和挑战，但我们不能忽视这场技术革命正在带来的深刻变化。就像工业革命不仅仅改变了生产方式，更重塑了整个社会结构一样，Vibe 编程的兴起带来的也不仅仅是编程方式的变化，它正在引发一场涉及思维模式、技能结构、教育体系乃至社会分工的深层次革命。这种变革既带来了压力和挑战，也创造了前所未有的机遇和可能性。

7.3.1　旧时代开发者的思维转变

对于在传统编程范式下成长起来的开发者，Vibe 编程的出现带来了一种根本性的认知冲击。这种冲击不仅仅来自工具层面的变化，更源于对"什么是编程"这一基本问题的重新思考。

传统的编程思维是一种"自下而上"的构建过程，开发者从基础的数据结构和算法开始，逐步构建复杂的软件系统。这种思维模式强调对底层细节的精确控制，开发者必须深入理解每一行代码的作用机制。在这种范式下，编程能力往往通过对语法的熟练掌握、对算法的深度理解、对系统架构的精确设计来体现。开发者的价值在于其能够将抽象的业务需求转化为精确的计算机指令，这个过程需要大量的技术知识积累和实践经验。

而 Vibe 编程的出现彻底颠覆了这种传统认知。它将编程从一个"如何实现"的问题转变为一个"实现什么"的问题。在这种新范式下，开发者不再需要关注具体的语法细节和实现路径，只需要专注于需求的准确表达和结果的质量评估。这种转变对于许多有着深厚技术功底的旧时代开发者来说，既是解放也是挑战。

解放在于，他们不再需要花费大量时间在重复性的编码工作上，可以将更多精力投入创造性和战略性的思考中。一个有着十年 Java 开发经验的开发者，过去可能需要花费一周时间来实现一个复杂的数据处理模块，现在可能只需要几个小时就能通过 AI 工具生成基础代码，然后将主要精力放在架构优化和业务逻辑完善上。这种效率的提升让开发者能够承担更多高价值的工作，从单纯的"代码生产者"转变为"技术决策者"。

但挑战同样明显，许多开发者发现，他们过去引以为傲的技术技能（如对某种编程语言的深度掌握、对特定框架的熟练使用），在 AI 面前变得不那么重要了。这种技能贬值带来的心理冲击是巨大的，就像一个熟练的手工艺匠突然面对工业化生产线一样。开发者需要学习全新的技能：如何与 AI 有效沟通，如何评估 AI 生成代码的质量，如何在人机协作中发挥人类的独特价值。

这种思维转变的核心在于从"控制者"向"协调者"的角色转换。在传统编程中，开发者对代码拥有完全的控制权，每一个函数调用、每一个变量定义都是经过深思熟虑的。而在 Vibe 编程时代，开发者更像一个项目经理或指挥家，需要学会如何指导 AI 这个"高级助手"来完成具体的实现工作。这要求他们具备更强的沟通能力、更广的知识视野，以及更敏锐的质量判断力。

适应这种转变的关键在于认识到编程本质的变化。编程不再是纯粹的技术活动，而是一种涉及需求理解、方案设计、质量控制、团队协作的复合性工作。那些能够快速适应这种变化的开发者，往往能够在新时代中获得更大的发展空间；而那些固守传统技能的开发者，可能会发现自己的价值在逐渐边缘化。

7.3.2　新时代开发者的核心技能

在 Vibe 编程主导的新时代，开发者的核心竞争力正在发生根本性的重构。传统的编程技能虽然仍然重要，但已经不再是决定性因素，新时代的开发者需要培养一套全新的技能体系。

- 问题定义与需求分析会成为最为关键的技能之一。在 AI 能够高效生成代码的背景下，如何准确理解和表达业务需求变得比如何实现需求更为重要。这要求开发者不仅要深入理解技术实现的可能性和局限性，更要能够与业务团队、产品经理以及最终用户进行有效沟通，将模糊的业务描述转化为清晰的技术需求。例如，当一个电商企业提出需要一个"智能推荐系统"时，传统的开发者可能会立即开始思考使用什么算法、如何处理数据、怎样优化性能。而新时代的开发者首先需要深入挖掘这个需求背后的真实意图：是希望提高用户购买转化率，还是增加用户在网站的停留时间。不同的目标会催生出完全不同的技术方案。只有将这种业务意图准确转化为技术语言，AI 编程工具才能生成真正有价值的解决方案。

- 系统架构设计能力在新时代也会变得更加重要，但其关注点发生了微妙的变化。传统的架构设计更多关注技术层面的结构优化，而在 AI 辅助开发的环境下，开发者需要更多地考虑如何设计一个既适合 AI 生成，又便于后续维护和扩展的系统结构。这要求他们不仅要理解传统的设计模式和架构原则，还要深度理解 AI 工具的工作机制和局限性。一个优秀的开发者需要知道哪些部分适合交给 AI 来实现，哪些部分需要人工精心设计。例如，标准的增、删、查、改操作和常见的业务逻辑处理非常适合由 AI 生成，而涉及核心算法、性能优化、安全控制的关键模块则需要人工仔细设计。这种"人机分工"的架构设计理念，正在成为新时代开发者的核心能力。

- 提示词工程能力正在快速发展成为开发者的必备技能。这不仅仅要求开发者学会如何写出有效的 AI 指令，更要求他们理解如何与 AI 进行高效协作。优秀的提示词工程师需要理解不同的 AI 模型的特点和局限性，知道如何通过合适的上下文设置、示例提供、约束条件来引导 AI 生成高质量的代码。

更深层次的提示词工程能力体现在对 AI 思维过程的理解中。例如，Claude 在处理复杂问题时喜欢先进行问题分解，然后逐步求解；而 GPT-4 在某些场景下更倾向于直接给出完整解决方案。理解这些差异，并据此调整沟通策略，是提示词工程师的高级能力。这种能力的培养需要大量的实践和总结，也需要对 AI 技术原理的深入理解。

- 代码审查与质量评估能力在 AI 时代同样会变得更加重要。传统的代码审查主要关注语法正确性、逻辑合理性，以及潜在的性能问题等技术指标。而对于 AI 生成的代码，审查员还需要评估代码的可维护性、安全性，以及与整体系统的一致性。更困难的是，AI 生成的代码往往表面上看起来很完美，但可能存在隐蔽的逻辑缺陷或设计问题。一个优秀的代码审查员需要能够快速识别 AI 生成代码的常见问题模式，如过度工程化的倾向、缺乏边界条件处理、不一致的错误处理策略等。这种识别能力需要丰富的实践经验和对 AI 工具特性的深入了解。同时，审查员还需要具备将发现的问题清晰表达给 AI 的能力，以便进行有效的迭代优化。

- 跨技术栈的综合能力变得越来越重要。在传统开发模式下，开发者往往专精于某一技术栈，如前端开发、后端开发和移动应用开发等。但在 AI 辅助开发的环境下，技术栈之间的界限逐渐模糊。一个熟悉前端开发的开发者，通过 AI 编程工具的帮助，可以相对容易地完成后端 API 的开发；一个专长于 Web 开发的开发者，也可以快速上手移动应用开发。这种变化要求新时代的开发者具备更广的技术视野和更强的学习适应能力，不需要精通每一种技术的实现细节，但需要理解不同技术的应用场景、优势局限和相互关系。这种"T 型"（即在某一领域有深度专长，在多个相关领域有基础了解）人才结构正在成为市场的主流需求。

7.3.3 一深多广，跨学科能力的崛起

Vibe 编程时代最显著的特征之一，是对知识广度的前所未有的重视。在传统编程时代，深度专业化往往是高精职场的关键，一个精通数据库优化的数据库管理员（database administrator，DBA）、一个熟悉网络编程的系统工程师，他们在各自的专业领域内拥有不可替代的价值。但在 AI 可以处理大部分技术实现细节的新环境下，仅仅拥有单一领域的深度知识已经不足以保证职业竞争力。

这种变化的根源在于 AI 工具的"民主化"效应。当 ChatGPT 可以帮助一个心

理学家编写数据分析脚本，Claude 可以协助一个生物学家构建基因序列分析工具时，传统的技术门槛被大幅降低。在这种环境下，那些既有技术基础又有特定领域专业知识的复合型人才，往往能够创造出更大的价值。

我们会发现，在当今时代，对原理的理解要比具体实现细节更重要，在过去，一个优秀的机器学习工程师需要熟练掌握 NumPy、pandas、TensorFlow 等工具的使用细节，也需要了解各种优化算法的具体实现。而在当前环境下，更重要的是理解不同算法的适用场景、数据预处理的重要性、模型评估的科学方法等更为根本的概念。具体的代码实现可以交给 AI，但算法选择、参数调优、结果解释等决策性工作仍然需要人类的专业判断。

技术实现的门槛降低后，真正的竞争优势往往来自对应用领域的深入理解。一个既懂编程又懂金融的开发者，可以更准确地理解量化交易系统的需求，更有效地与 AI 协作开发出符合金融法规的解决方案。同样，一个具备心理学背景的开发者，在开发用户体验相关的产品时往往能够提出更有洞察力的技术方案。

这种跨学科能力的重要性体现在多个层面。首先是需求理解的准确性，当开发者对应用领域有深入了解时，他们能够更准确地把握用户的真实需求，避免技术实现与业务目标的偏离。其次是解决方案的创新性，跨学科的知识背景往往能够带来独特的解决思路，这些思路是纯技术人员难以想到的。最后是沟通协作的有效性，具备领域专业知识的开发者能够更好地与业务专家、产品经理、最终用户进行沟通，减少信息传递中的损失和误解。

7.3.4　普通人的技术平权

Vibe 编程真正的革命性意义，不是让开发者写代码更快，而是让非开发者也能参与到软件创造中来。这是 AI 带来的新一轮的"技术平权"。

在传统的软件开发模式下，领域专家（如医生、教师等）往往需要通过复杂的沟通链条——项目经理、产品经理、设计师、开发者，才能将自己的专业想法转化为技术产品。这个过程不但效率低下，而且经常出现需求失真的问题。Vibe 编程直接打通了从想法到产品的路径，让领域专家能够直接参与到软件创造中来。

除了领域专家，我们每个人都有自己独特的创意和想法，但在过去，大多数创意会因为技术实现的困难而停留在想法阶段。Vibe 编程为这些创意提供了实现的可能性。无论是一个新颖的社交应用概念，还是一个独特的数据可视化方案，普通人都可以通过 AI 工具快速验证想法的可行性，甚至直接开发出可用的产品原型。

AI 编程也降低了创业门槛，它使得个人创业者能够以极低的成本验证商业想法和开发 MVP 产品。一个有市场洞察力的普通人，可以在闲暇时间开发一个针对特定需求的应用，然后快速投入市场进行验证。这种快速试错的能力，正在催生全新的个人创业生态。我们看到越来越多的"一人公司"现象，即单个创业者利用 AI 工具，承担起传统上需要整个技术团队才能完成的工作。例如，一位对宠物护理有深入了解的宠物店主，开发了一个宠物健康管理应用；一位经验丰富的健身教练，创建了一个个性化训练计划生成工具。这些产品往往具有很强的专业性和针对性，能够精准满足特定用户群体的需求。

当然，我们也必须认识到，这种技术平权并不意味着所有的技术门槛都消失了。普通人在使用 Vibe 编程工具时，仍然需要培养一些基本的技术素养，包括逻辑思维、问题分解、质量评估等能力，同时，也需要学会如何有效地与 AI 工具协作、如何表达自己的需求、如何评估生成的结果。

其实对绝大多数普通用户来说，AI 编程最大的价值是让想法快速落地，虽然 AI 编程有着种种问题，但是这并不妨碍我们可以通过 AI 编程辅助去做一些事情，把一些灵机一动的想法输出为产品，当然前提是真的会用 AI 编程，最终哪怕开发得不好、哪怕不够完善，只要可以落地，这些想法的可行性就可以快速得到验证，验证之后是放弃这个想法，改做下一个灵机一动的点、继续 AI 迭代，还是找专业开发人员去设计，让产品变得更好，都可以在此基础上有依据地做出选择。

Vibe 编程带来的技术平权是一个历史性的进步，不仅扩大了软件创造的参与群体，更让不同背景的人能够贡献自己独特的视角和创意。这种多样性的增加，将为整个软件行业和社会带来更丰富的创新可能性。

7.3.5 职业发展与教育路径的调整

面对 Vibe 编程带来的深刻变革，传统的开发者职业发展路径和教育体系都需要进行相应的调整。这种调整不是增加几门 AI 相关的课程，而是要对人才培养理念和方法进行思考。

在职业发展方面，传统的开发者职业路径通常相对单一：从初级开发者成长为高级开发者，再到技术专家或技术管理者。尽管也有一些开发者从技术人员转为产品经理等职位，但如果以整个开发者群体为基数，选择这条职业路径的人数其实并不多。在 AI 辅助开发的新环境下，开发者的职业发展会更加多元化。一部分开发者选择深耕 AI 工程领域，成为提示词工程专家、Agent 开发专家、AI 应用架构师甚至 AI 应用的传道者，因为开发者群体在 AI 领域有着其他行业不具备的优势；另一部分开发者选择向业务方向发展，成为技术型产品经理、解决方案专家或技术顾问；还有一部分开发者可以选择跨界发展，将编程能力与其他专业技能结合，成为复合型专家。

这种多元化发展的关键在于找到自己的独特定位。在 AI 可以处理大部分标准化编程任务的环境下，那些能够将技术能力与特定行业经验、创新思维、沟通能力等结合起来的开发者，往往能够获得更好的职业发展机会。例如，一个有医学背景的开发者可能在医疗 AI 应用开发中找到独特的价值定位；一个有设计思维的开发者可能在 AI 驱动的用户体验优化中发挥重要作用。

在学习方面，传统的编程学习往往具有阶段性特征，即学完一门语言或掌握一个框架，在相当长的时间内就可以依靠这些知识进行工作。但在 AI 快速发展的时代，知识的"半衰期"大大缩短，开发者需要建立起持续学习的体系和习惯。有效的持续学习体系应该包括几个层面：技术层面的学习，关注 AI 工具的发展和新技术的出现；应用层面的学习，尝试将 AI 技术应用到不同的业务场景中；思维层面的学习，总结人机协作的经验和教训，提升协作效率。最重要的是，开发者需要学会利用 AI 工具来加速自己的学习过程。

在教育方面，计算机科学教育不能再仅仅关注算法和数据结构的教学，而需要更多地关注问题解决能力、系统思维能力、跨学科整合能力的培养。一些教育机构已经开始在课程设置中加入提示词工程、人机协作、AI 伦理等内容，同时增加跨学科项目和实践机会。更深层次的调整体现在教学方法的变化上。传统的编程教学强调从基础语法开始，逐步构建复杂应用。而在 AI 辅助开发的环境下，学生可能需要先学会如何与 AI 协作完成复杂任务，再深入理解底层的技术原理。这种"自顶向下"的学习方式要求教育者重新设计课程结构和教学方法。而基于需求、问题导向的学习方式，往往更能引发一个学生的学习兴趣及效率，例如当学生使用 AI 完成一个需求时，因为遇到某个问题去学习相关的知识，既学习了知识也解决了问题。

7.4　小结

Vibe 编程作为一场深刻的技术革命，正在以前所未有的方式重塑软件开发的格局。本章从用户和产品两个视角，深入分析了当前 AI 编程工具面临的现实挑战。对普通用户来说，"零代码开发"的美好愿景与复杂的技术现实之间仍存在巨大鸿沟；对专业开发者来说，AI 编程工具虽然提升了效率，但在处理复杂系统性问题和前沿技术挑战时仍显不足。而从产品角度看，技术架构天花板、定位困境、成本结构问题等深层次挑战，都制约着 AI 编程产品的进一步发展。

Vibe 编程带来的不仅仅是工具层面的升级，更是一场涉及思维模式、技能结构和社会分工的深层次变革。Vibe 编程带来的是新一轮的"技术平权"，它给了闷头"卷"技术的人一榔头，同时给了外行想要入局的人一座枣山。

面对这场正在进行的变革，我们既不应因技术的神奇能力而盲目乐观，也不应因现存问题而悲观失望。Vibe 编程的真正价值在于它正在重新定义"谁能编程"和"如何编程"这两个根本问题。在这个过程中，那些能够主动适应变化、发挥人类独特价值、与 AI 有效协作的个人和组织，将在新时代中找到属于自己的位置并创造更大的价值。这是挑战，更是机遇，关键在于如何理解、把握和应对。

或许真正的技术平权，不在于让所有人都能"写代码"，而在于让代码回归其本质——它从来不是目的，只是实现价值的工具罢了。在 AI 打破了语法门槛后，我们反而更能清晰地看到，那些对系统设计的思考、对用户体验的洞察、对商业逻辑的把握，或许才是未来数字 AI 时代的通行证。

后　记

感谢你读到这里，陪伴我们一起探索了 Vibe 编程带来的这场正在改变编程世界的革命。作为一种新兴的编程范式，Vibe 编程不仅仅是技术的升级，更是开发思维和工作方式的深刻转变。它让我们重新定义了人与代码、人与 AI 的关系，也为未来的软件开发提供了无限可能。

写这本书的初衷，是希望能为你揭开这股浪潮背后的本质，帮助你更好地理解、适应并驾驭这场变革。无论你是技术开发者、产品经理，还是对 AI 编程充满好奇的探索者，我们都希望这本书能成为你学习和实践的有力助手。

未来充满不确定，但正因如此，探索才更有意义。愿你能在 Vibe 编程的世界里，找到属于自己的节奏和灵感，持续创新，拥抱变化。期待未来，让我们一起见证更多可能的发生。